Litchi

CP

Mathématiques

Fichier de l'élève

programmes 2018

Catherine VILARO
Conseillère pédagogique

Didier FRITZ
Inspecteur de l'Éducation nationale

istra

Édition : Delphine DEVEAUX
Maquette de couverture : David BART
Illustration de couverture : Fanny DENISSE
Exécution de la couverture : TYPO-VIRGULE
Création de la maquette intérieure : David BART
Mise en pages : TYPO-VIRGULE
Illustrations : Fanny DENISSE (personnages, objets, animaux) ; Jacky CHOÏ et Anaïs THIBAUD (dessins techniques).
Fabrication : Marc CHALMIN

PAPIER À BASE DE FIBRES CERTIFIÉES

hachette s'engage pour l'environnement en réduisant l'empreinte carbone de ses livres. Celle de cet exemplaire est de :
1,428 kg éq. CO_2
Rendez-vous sur www.hachette-durable.fr

ISBN : 978-2-01-700939-9

Avant-propos

Au cours de cette année scolaire, les élèves de CP vont se construire leurs premiers apprentissages mathématiques formalisés.
Il convient donc de les conduire à des **bases solides**, au cours d'apprentissages **progressifs** et **rigoureux**, condition indispensable pour construire et ancrer la compréhension de chaque situation mathématique et des techniques correspondantes.
Le fichier Litchi s'inscrit pleinement dans cette logique, dans le respect absolu des programmes du 2 juillet 2018.

Le principe de ce fichier repose sur le choix d'une grande progressivité dans le passage **du concret à l'abstrait**. Outre les situations de concret vécues ou les manipulations décrites dans le guide pédagogique, tous les apprentissages prennent appui sur des situations de la vie courante illustrées par deux personnages attachants Lola et Noé.
L'apprentissage se construit ensuite pas à pas de la **représentation du réel à la symbolisation**, pour parvenir à la **formalisation mathématique**, avec une place importante donnée à la **manipulation**.

« *La connaissance des nombres entiers et du calcul est un objectif majeur du cycle 2* » (*cf.* programme du 16 juillet 2018). La collection Litchi a la volonté de développer une **approche méthodique et spiralaire** de la construction du nombre, élément fondamental pour la suite de l'apprentissage mathématique. Dans cet esprit, une importance significative est donnée aux petits nombres dont la maîtrise constitue la base indispensable du système de numération décimale et du traitement des calculs.
Conformément au programme 2018, « *la résolution de problèmes est au centre de l'activité mathématique des élèves, développant leurs capacités à chercher, raisonner et communiquer.* » Le fichier développe pour cela un **apprentissage progressif et structuré de la résolution de problème**, sur la base de trois composantes :
- le **réinvestissement** pour consolider le sens des opérations et des notions mathématiques travaillées ;
- une **approche méthodologique** pour permettre à l'élève de s'imprégner d'une logique de raisonnement et de s'approprier des **procédures-types de résolution**, notamment par l'utilisation de **schémas**, à la fois dans des **problèmes du champ additif ou du champ multiplicatif** ;
- une **structuration de la trace écrite** pour habituer l'élève à communiquer son raisonnement, ses calculs et la réponse qu'il apporte au problème posé, dans une disposition organisée.

Les problèmes à deux étapes sont également abordés, dans une démarche guidée.

Ainsi que le préconisent les nouveaux programmes, « *l'appropriation de stratégies de calcul adaptées aux nombres et aux opérations en jeu* » trouvent ici une place affirmée :
- le **calcul mental** permet un travail **quotidien** et **structuré** : il vise à conforter et automatiser la maîtrise des nombres et des opérations ;
- le **calcul en ligne**, présent dans chaque période, engage l'élève à des **stratégies de calcul** à l'oral et à l'écrit.

Litchi, le kangourou, incite à un travail régulier sur la bande numérique, indispensable pour les élèves les moins à l'aise.

La **géométrie** trouve dans ce fichier une place significative et valorisée, pour amener l'élève à des habitudes de rigueur et de qualité dans les tracés et les constructions géométriques. La nouvelle disposition des pages « à l'italienne » permet un **usage facilité de la règle**. Un **vocabulaire** géométrique précis est utilisé.

Le fichier est découpé en 5 périodes correspondant au découpage de l'année scolaire. Deux pages de « Révisions » par période permettent de **réactiver** l'ensemble des apprentissages étudiés et de préparer l'évaluation (présente dans le guide pédagogique).
Nous avons choisi de constituer des blocs d'apprentissage pour travailler sur des objectifs précis dans un même champ mathématique : ainsi chaque fiche ne traite que d'une seule notion. Dans la plupart des cas, cette notion s'élabore sur deux fiches consécutives, de manière à installer solidement chaque connaissance visée.

Les auteurs

Sommaire

Les grands domaines définis par les programmes sont identifiés dans le sommaire par des couleurs :

Nombre et calculs | Grandeurs et mesures | Espace et géométrie | Problèmes

Période 3

Période 4

Les grands domaines définis par les programmes sont identifiés dans le sommaire par des couleurs :

Nombres et calculs — Grandeurs et mesures — Espace et géométrie — Problèmes

Progression par domaine

Nombres et calculs

Grandeurs et mesures

Espace et géométrie

Problèmes

1 Les consignes du fichier

Compétence : Comprendre les logos de repérage des consignes.
Calcul mental : Reconnaître globalement des quantités inférieures ou égales à 5.
Photofiches : Parcours **A** p. 6 – Parcours **B** p. 7

1 **Écris** ton prénom.

Je m'appelle ....

2 **Écris** ton âge.

J'ai .... ans.

3 **Barre** la mauvaise réponse.

Je suis — un garçon.
Je suis — une fille.

4 **Dessine** un soleil.

5 **Colorie** la fleur.

6 **Entoure** le chien.

7 **Relie** chaque animal à sa maison.

8 **Calcule** l'addition.

$1 + 1 =$ ....

9 **Observe** le dessin de la maison.

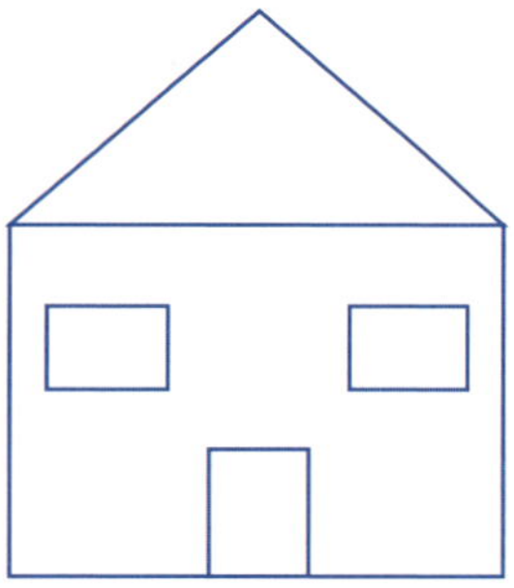

10 **Complète** le dessin de la maison.

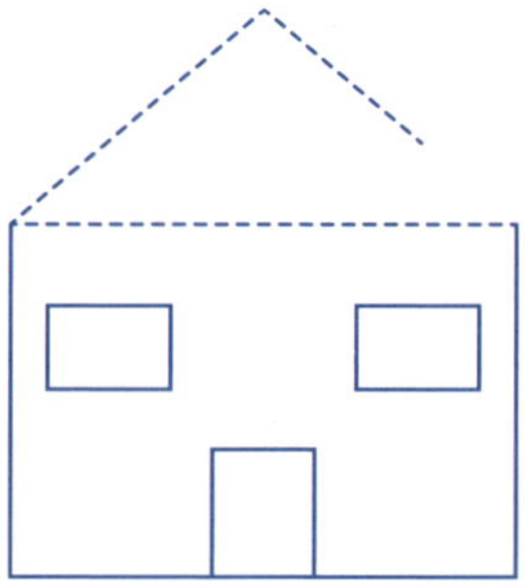

2 Repérage dans le fichier

Compétence : Se repérer dans l'espace de la page du fichier.
Calcul mental : Réciter la suite numérique.
Photofiches : Parcours **A** p. 6 – Parcours **B** p. 7

Observe le fichier de Lola, puis **réponds** aux questions ci-dessous.

- **Entoure** le logo de l'exercice 1.
- **Colorie** l'animal que tu devrais entourer dans l'exercice 2.

- **Dessine** le cerf-volant de l'exercice 3.

3 Les nombres jusqu'à 5 (1)

Compétences : Dénombrer et constituer des collections jusqu'à 5.
Calcul mental : Identifier, nommer et écrire des nombres ≤ 5.
Photofiches : Parcours **A** p. 8 – Parcours **B** p. 9

1 **Écris** le nombre de fruits que tu vois sur chaque image.

Il y a .... pommes.

Il y a .... oranges.

Il y a .... poires.

2 **Dessine** les billes qui manquent.

Noé a 5 billes.

Lola a 3 billes.

3 **Écris** le nombre de doigts levés montrés par Lola.

....

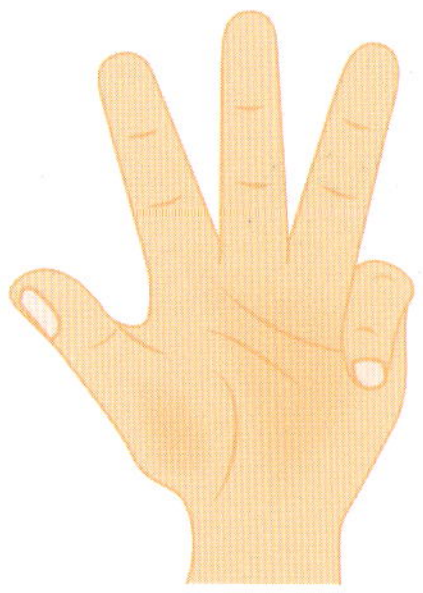

....

....

....

Litchi avance de 3 cases.
Colorie sa case d'arrivée.

1	2	3	4	5	6	7	8	9	10

4 Les nombres jusqu'à 5 (2)

Compétences : Nommer, lire, écrire et représenter des nombres entiers jusqu'à 5.
Calcul mental : Réciter la suite numérique entre deux nombres donnés.
Photofiches : Parcours **A** p. 8 – Parcours **B** p. 9

1 **Entoure** les cubes utilisés par Lola et Noé pour construire les barres.

2 **Relie** chaque barre à son nombre écrit en chiffre.

3 1 5 2 4

3 **Colorie** autant de cases de la règle à calculer que de petits cubes.

Exemple :

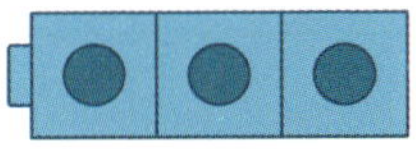

1	2	3	4	5	6	7	8	9	10

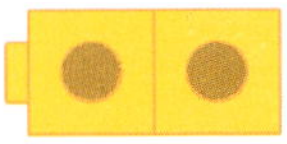

1	2	3	4	5	6	7	8	9	10

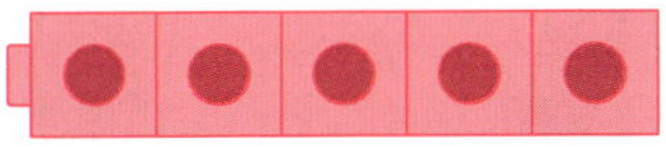

1	2	3	4	5	6	7	8	9	10

4 **Écris** les nombres en chiffres.

5 Gauche, droite

Compétence : Situer des objets ou des personnes les uns par rapport aux autres en utilisant un vocabulaire spatial précis : « gauche, droite, à gauche de, à droite de, entre ».
Calcul mental : Trouver le complément à 5.
Photofiches : Parcours **A** p. 10 – Parcours **B** p. 11

1 **Entoure** la bonne réponse.

Noé écrit de la main droite. / gauche.

Lola lève la main droite. / gauche.

2 **Colorie** en **bleu** le ballon qui est à la **droite** de Lola.

3 **Colorie** en **rouge** le cône qui est à la **gauche** de Noé.

4 **Entoure** le nom de l'enfant qui est entre Noé et Lola.

Lola

Samia

Noé

Mehdi

Litchi avance de 5 cases.
Colorie sa case d'arrivée.

1	2	3	4	5	6	7	8	9	10

6 Les mots pour se repérer dans l'espace

Compétence : Situer des objets ou des personnes les uns par rapport aux autres en utilisant un vocabulaire spatial précis : « sur, sous, devant, derrière, au-dessus, au-dessous ».
Calcul mental : Réciter la suite numérique.
Photofiches : Parcours **A** p. 10 – Parcours **B** p. 11

1 **Entoure** la bonne réponse : **devant** ou **derrière**.

Lola est ⟨ devant / derrière ⟩ Noé.

Tina est ⟨ devant / derrière ⟩ Léo.

2 **Entoure** la bonne réponse : **sur** ou **sous**.

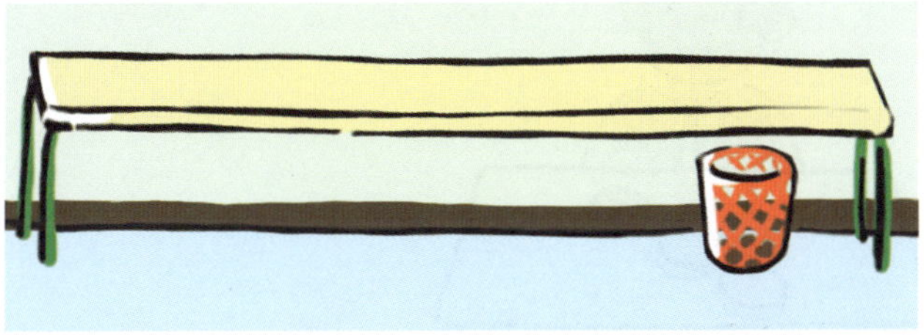

La poubelle est ⟨ sur / sous ⟩ le banc.

L'ordinateur est ⟨ sur / sous ⟩ le bureau.

3 **Entoure** la bonne réponse : **au-dessus de** ou **au-dessous de**.

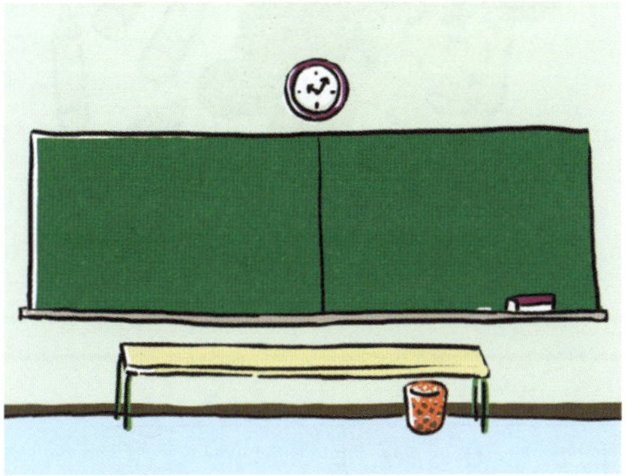

L'horloge est ⟨ au-dessus / au-dessous ⟩ du tableau.

Le banc est ⟨ au-dessus / au-dessous ⟩ du tableau.

7 Comparaison des nombres jusqu'à 5 (1)

Compétences : Comparer les nombres jusqu'à 5. Utiliser les expressions « plus que, moins que, autant que ».
Calcul mental : Comparer des quantités et utiliser les expressions « plus que, moins que, autant que ».
Photofiches : Parcours **A** p. 12 – Parcours **B** p. 13

1 123 **Écris** le nombre de voitures de chaque enfant.

Lola a .... voitures.

Noé a .... voitures.

Entoure la phrase exacte.

Lola a **moins** de voitures **que** Noé.

Lola a **plus** de voitures **que** Noé.

2 **Dessine** les jetons de Lola pour qu'elle ait **autant** de jetons que Noé.

3 **Entoure** le prénom de l'enfant qui a **plus** de crayons **que** Lola.

Lola Noé Samia

Litchi avance de 3 cases.
Colorie sa case d'arrivée.

1	2	3	4	5	6	7	8	9	10

8 Comparaison des nombres jusqu'à 5 (2)

Compétences : Comparer les nombres jusqu'à 5. Utiliser les expressions « plus que, moins que, autant que ».
Calcul mental : Trouver le nombre qui précède et/ou qui suit un nombre donné.
Photofiches : Parcours **A** p. 12 – Parcours **B** p. 13

1 Lola compare deux barres sur sa règle à calculer.

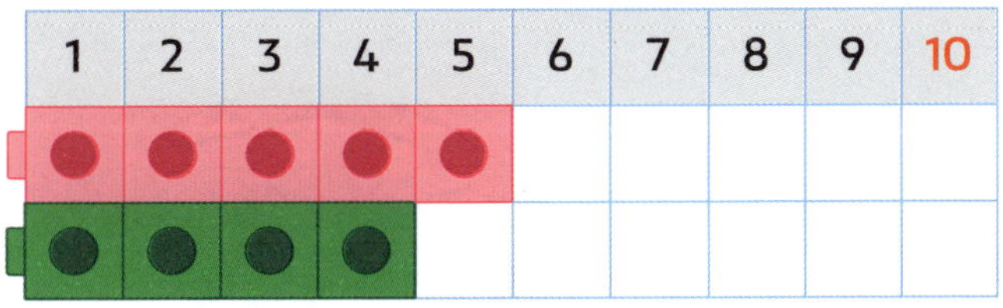

• **Barre** la réponse fausse.

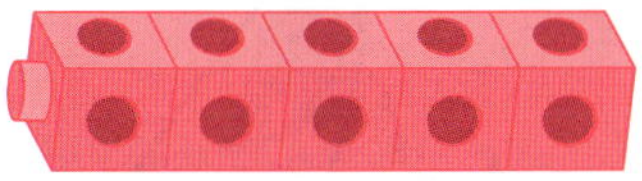 est plus petit que / plus grand que 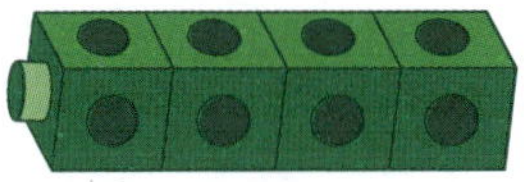

• **Complète** avec les nombres.

.... est plus grand que ....

2 **Dessine** les points sur le dé vide pour que la phrase soit vraie.

3 est plus grand que ....

4 est plus grand que ....

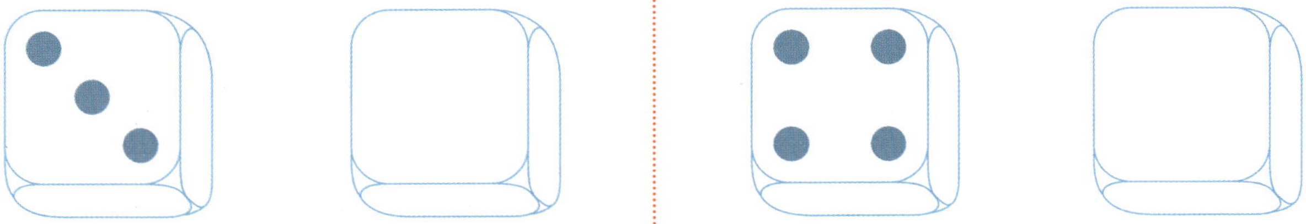

3 **Entoure** le plus grand des deux nombres.

5 3 | 2 4 | 5 4

4 **Complète** la bande numérique.

1	.....	3	.....	5

Litchi avance de 4 cases.
Colorie sa case d'arrivée.

1	2	3	4	5	6	7	8	9	10

9 Tracés à la règle (1)

Compétences : Utiliser la règle comme instrument de tracé. Tracer une ligne droite reliant deux points.
Calcul mental : Comparer des nombres ≤ 5.
Photofiches : Parcours **A** et **B** p. 14

1 **Trace** à la règle la ligne droite entre chaque animal et sa maison.

10 Décomposition des nombres jusqu'à 5

......	......	......	......	......

Compétences : Calculer en ligne la somme de 2 nombres (total ≤ 5). Découvrir et mémoriser les faits numériques utiles pour les calculs additifs.
Calcul mental : Comparer des nombres ≤ 5.
Photofiches : Parcours **A** et **B** p. 15

1 2+1 **Calcule** le nombre total de légumes apportés par Lola et Noé.

3 + 2 = ...

Lola et Noé ont apporté ...... légumes.

2 2+1 **Calcule** le nombre de jetons.

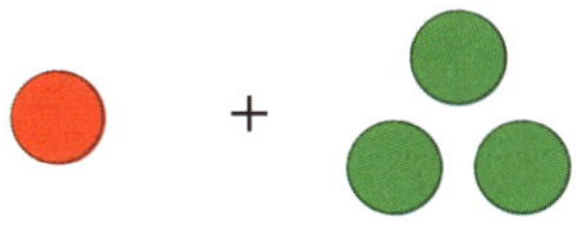

...... + ... = ...

3 2+1 **Calcule** le total des points.

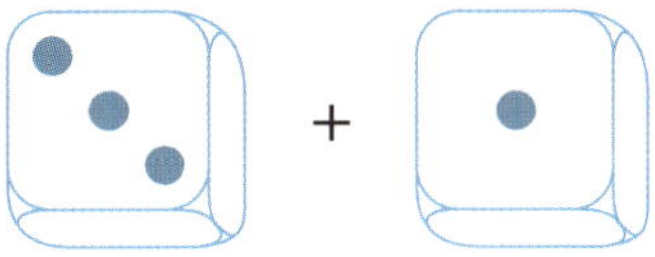

...... + ... = ...

4 **Colorie** l'addition des barres sur la règle à calculer et 2+1 **calcule**.

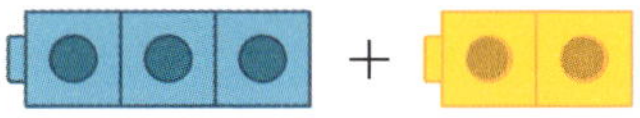

1	2	3	4	5	6	7	8	9	10

3 + 2 = ...

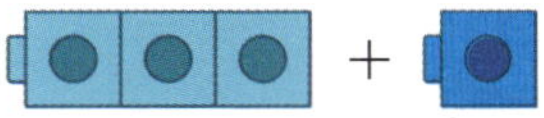

1	2	3	4	5	6	7	8	9	10

3 + 1 = ...

5 **Complète** les additions.

1 + ... = 3

...... + 2 = 4

2 + ... = 5

...... + 1 = 5

Litchi saute sur la 5e case.
Colorie sa case d'arrivée.

11 Problèmes : la démarche de résolution

Compétences : Résoudre des problèmes en utilisant les nombres entiers et les calculs. Modéliser la rédaction d'un problème du champ additif.
Calcul mental : Réciter la suite numérique dans l'ordre décroissant.
Photofiches : Parcours **A** et **B** p. 16

1 Noé a 2 billes **bleues** dans sa main droite et 3 billes **rouges** dans sa main gauche. Combien de billes a-t-il au total ?

Dessine.

Billes bleues		Billes rouges		Toutes les billes
	+		=	

Écris l'opération.

billes **bleues**		billes **rouges**		total
....	+	....	=	....

Écris la réponse à la question du problème.

Noé a .... billes au total.

2 Lola avait **4** gâteaux. Elle en a mangé **2**.
Combien de gâteaux lui reste-t-il ?

Barre les gâteaux mangés.

Écris l'opération.

.... + ... = 4

Écris la réponse à la question.

Il lui reste .... gâteaux.

12 Les nombres de 6 à 9

Compétence : Dénombrer des collections de 6 à 9 en les organisant.
Calcul mental : Additionner deux nombres dont la somme est ≤ 5.
Photofiches : Parcours **A** et **B** p. 17

1 123 **Écris** le nombre d'animaux de chaque espèce.

 ....

 ....

 ....

 ....

2 123 **Écris** les nombres de bulles de savon.

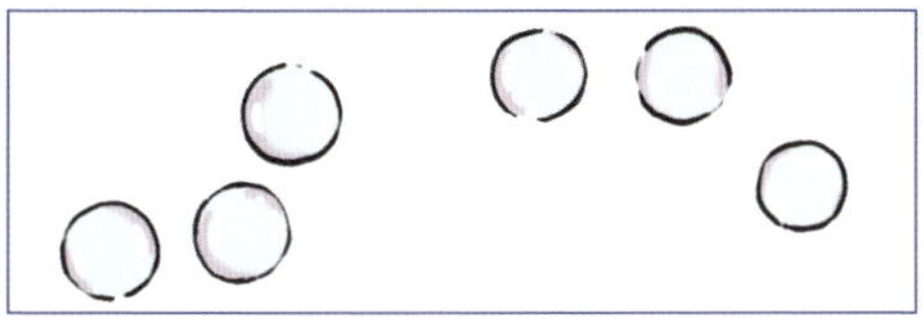 ....

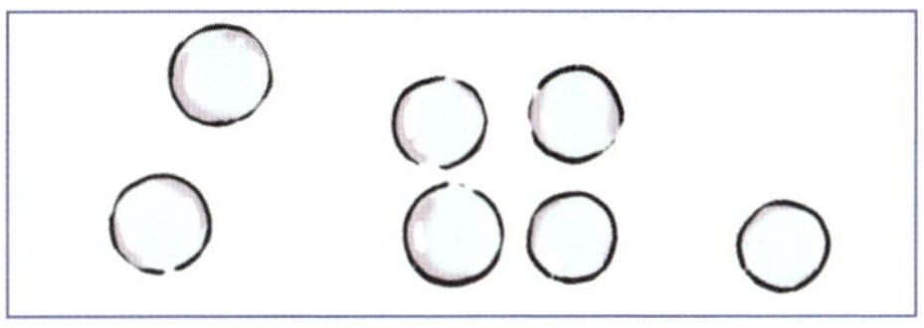 ....

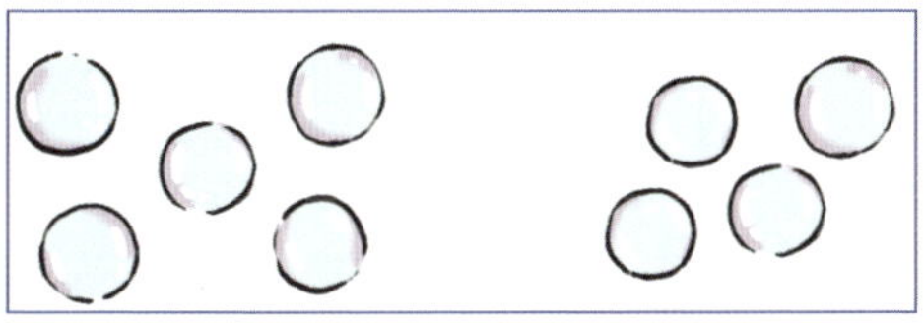 ....

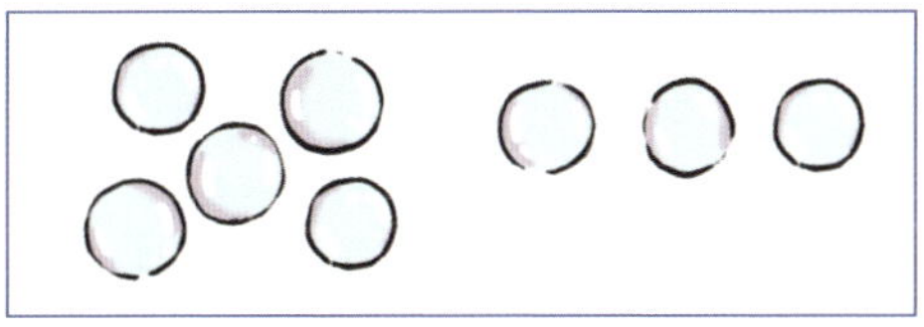 ....

3 **Relie** les mains au nombre qui convient.

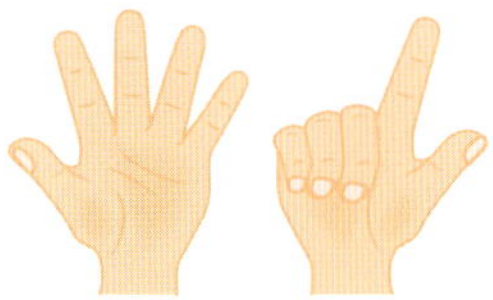
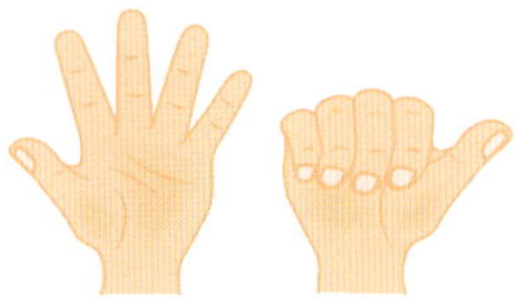
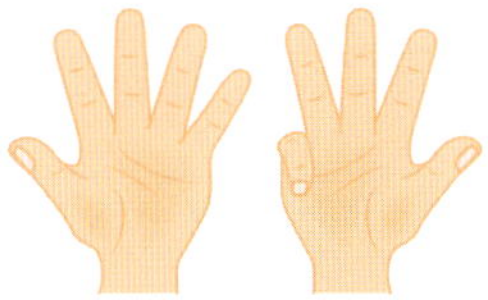
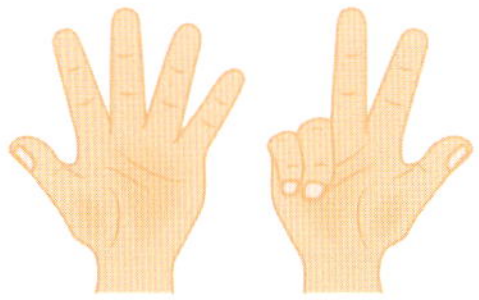

6 7 8 9

4 **Colorie autant** de cases de la règle à calculer **que** de cubes.

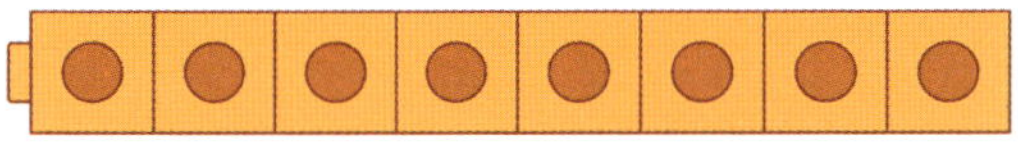

1	2	3	4	5	6	7	8	9	10

1	2	3	4	5	6	7	8	9	10

13 Décomposition des nombres 6 et 7

Compétence : Découvrir la décomposition additive des nombres 6 et 7.
Calcul mental : Trouver le complément à 5 pour obtenir les nombres de 6 à 9.
Photofiches : Parcours **A** p. 18 – Parcours **B** p. 19

1 2+1 **Calcule** le nombre total de bonnets.

.... + ... = 7

2 2+1 **Calcule** les additions.

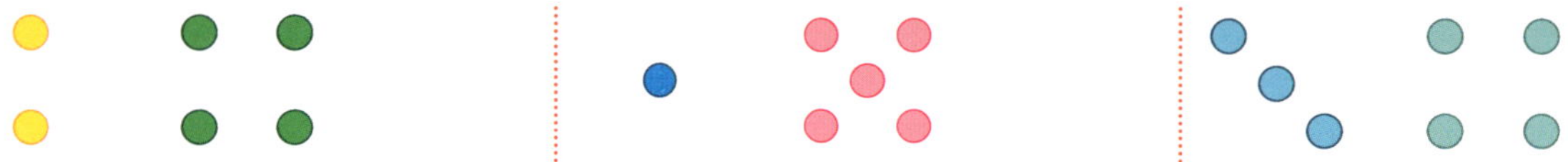

...... + ... = ... | ...... + ... = ... | ...... + ... = ...

3 2+1 **Calcule** le total des deux cartes.

.... + ... = ... | .... + ... = ...

4 **Colorie** les additions sur la règle à calculer. 2+1 **Calcule**.

1	2	3	4	5	6	7	8	9	10

4 + 2 = ...

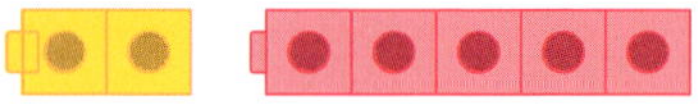

1	2	3	4	5	6	7	8	9	10

2 + 5 = ...

5 **Complète** les additions.

5 + 1 = ... | 5 + ... = 7 | .... + 6 = 7

Litchi avance de 2 cases.
Colorie sa case d'arrivée.

1	2	3	4	5	6	7	8	9	10

14 Décomposition des nombres 8 et 9

Compétence : Découvrir la décomposition additive des nombres 8 et 9.
Calcul mental : Additionner deux nombres dont la somme est ≤ 9 et dont l'un des termes est 5.
Photofiches : Parcours **A** p. 18 – Parcours **B** p. 19

1 **Écris** le résultat des additions.

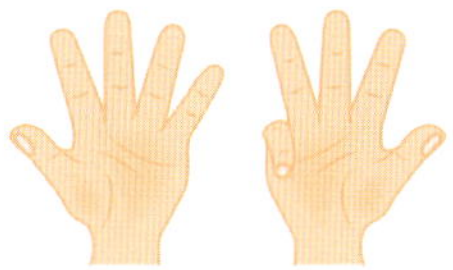

5 + 4 = ...

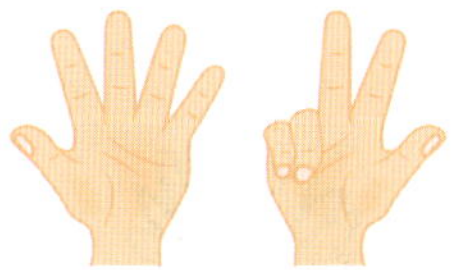

5 + 3 = ...

2 **Complète** les dés bleus et les additions pour obtenir le nombre demandé.

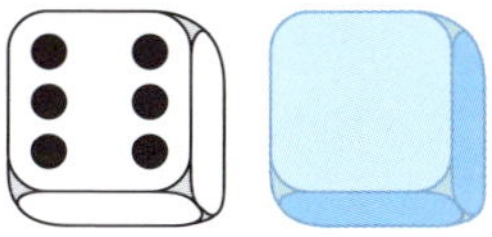

6 + ... = 9

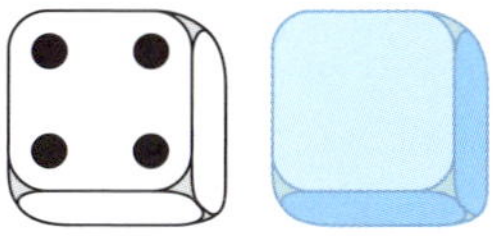

4 + ... = 8

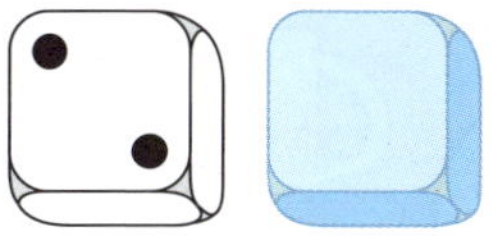

2 + ... = 8

3 **Colorie** les additions sur la règle à calculer. **Calcule**.

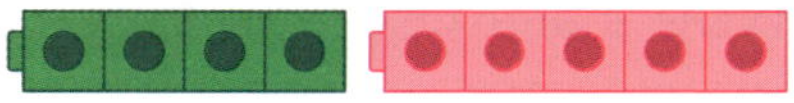

1	2	3	4	5	6	7	8	9	10

4 + 5 = ...

1	2	3	4	5	6	7	8	9	10

6 + 2 = ...

4 **Relie** chaque addition à son résultat sur la bande numérique.

1 + 7　　3 + 6　　3 + 5　　7 + 2

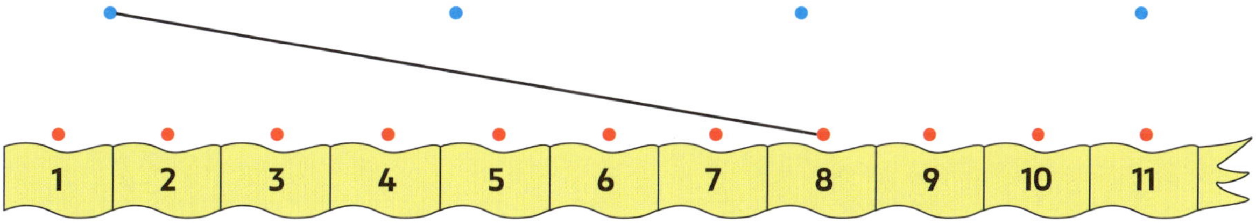

5 **Écris** des additions différentes dont le résultat est égal à 9.

.... + ... = 9

.... + ... = 9

.... + ... = 9

Litchi recule de 2 cases.
Colorie sa case d'arrivée.

1	2	3	4	5	6	7	8	9	10

15 Problèmes pour apprendre à chercher (1)

Compétence : S'engager dans une démarche de résolution de problèmes en émettant des hypothèses, en les testant, en essayant plusieurs pistes, en exposant sa démarche de recherche.
Calcul mental : Résoudre un problème additif simple.

1 Lola réunit les fleurs de ces trois vases pour faire deux bouquets identiques.
Trouve le nombre de fleurs de chaque bouquet et **dessine**-les.

Fais tes essais.

2 Le wagon du petit train a 4 places.

Dans le wagon :
- Noé s'assoit devant et à droite.
- Lola s'assoit aussi à droite.
- Samia ne s'assoit pas à côté de Noé.
- Léo s'assoit à la place restante.

abc **Écris** le numéro de la place de chaque enfant.

Fais tes essais.

Noé : n° .... Lola : n° .... Samia : n° .... Léo : n° ....

16 Révisions (1)

Calcul mental

....	....	....	....	....	....

1 123 **Écris** les nombres.

..... oiseaux

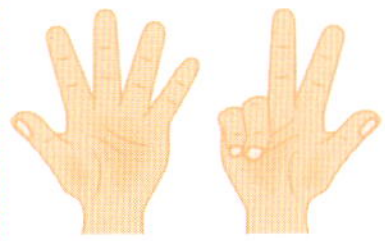

..... doigts

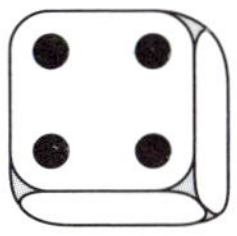

....

2 **Dessine** 7 jetons.

3 **Relie**.

main gauche

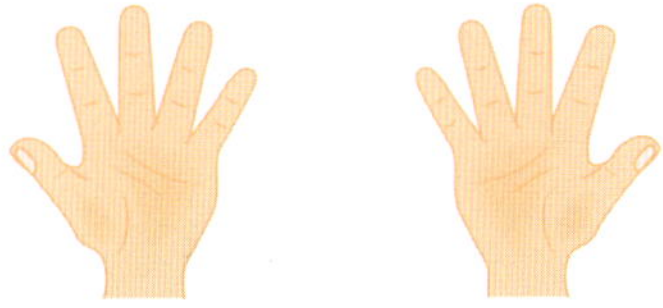

main droite

4 **Dessine** autant de balles que de raquettes.

5 **Entoure** le plus petit des deux nombres.

4 2 | 1 3 | 5 4

6 **Relie**.

1 + 7 4 + 3 6 + 2 5 + 4

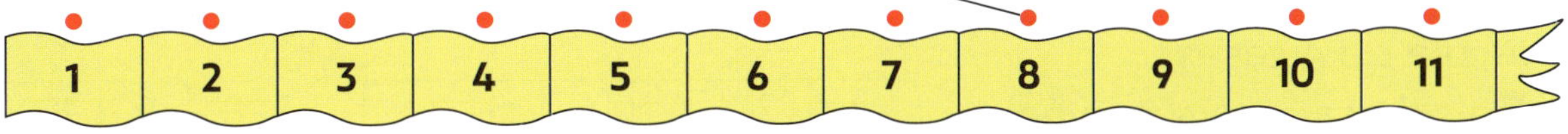

17 Les signes < et >

Compétence : Découvrir l'écriture symbolique de la comparaison.
Calcul mental : Encadrer des nombres ≤ 9.
Photofiches : Parcours **A** p. 20 – Parcours **B** p. 21

....

Observe.

1 **Écris** le signe **>** ou **<** entre les animaux pour dire **plus grand** ou **plus petit**.

 .... 

 .... 

Entoure la bonne réponse.

La girafe est { plus petite que / plus grande que } le singe.

Le ver est { plus petit que / plus grand que } le chat.

2 **Écris** les nombres et **compare** avec **<** ou **>**.

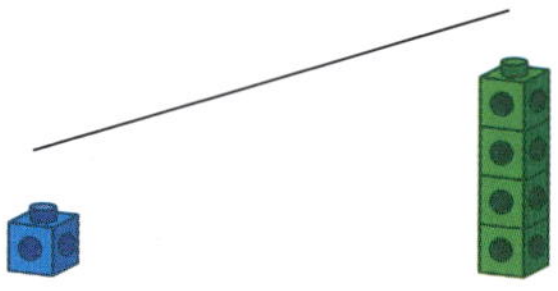

....

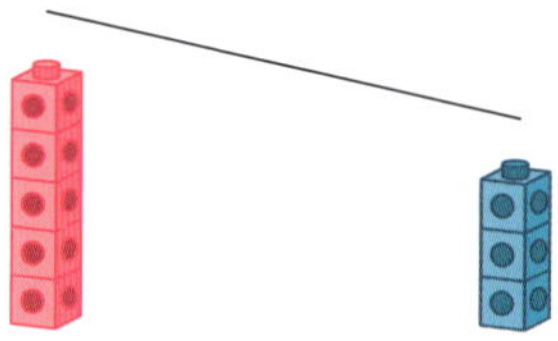

....

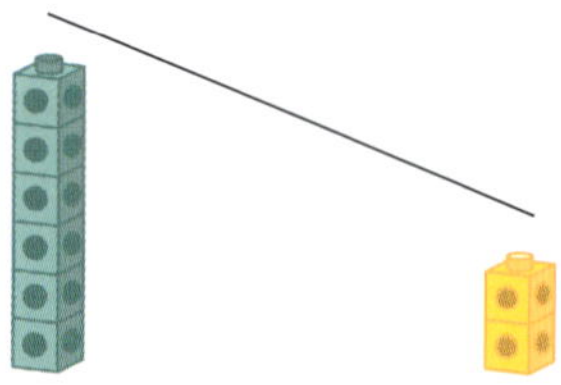

....

Litchi recule de 4 cases.
Colorie sa case d'arrivée.

1	2	3	4	5	6	7	8	9	10

18 Comparaison des nombres de 1 à 9

Compétences : Comparer et encadrer des nombres jusqu'à 9. Utiliser les expressions « autant que, plus que, moins que, plus grand que, plus petit que ».
Calcul mental : Utiliser les expressions « autant, le plus, le moins ».
Photofiches : Parcours **A** p. 20 – Parcours **B** p. 21

1 Lola et Noé ont ramassé des coquillages.

123 **Écris** le nombre de coquillages de chacun.

....

....

Entoure la bonne réponse.

Lola a **moins** de coquillages **que** Noé.

Lola a **plus** de coquillages **que** Noé.

2 123 **Écris** le nombre de jetons de chaque enfant.

Entoure les prénoms des enfants qui ont **autant** de jetons l'un **que** l'autre.

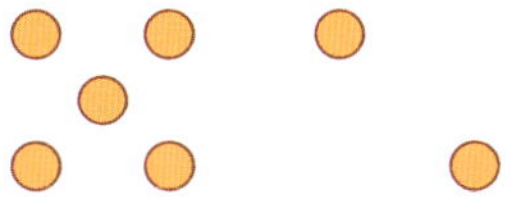

....

Noé

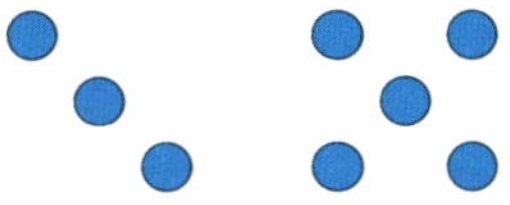

....

Léo

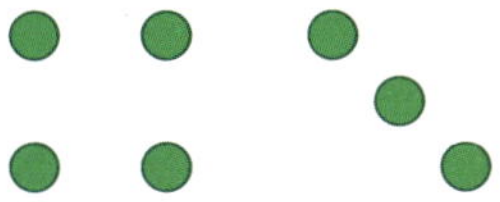

....

Lola

3 **Barre** la mauvaise réponse.

....

....

9 est **plus grand que** 6.

9 est **plus petit que** 6.

....

....

6 > 9

6 < 9

4 123 **Écris** le nombre qui est **entre**.

7 9

4 6

5 123 **Numérote** les bateaux dans l'ordre de 6 à 9.

....

Complète la bande numérique de Litchi.

1	....	....	4	....	....	....	....	9

19 Tracés à la règle (2)

Compétences : Utiliser la règle comme instrument de tracé. Tracer des droites horizontales, verticales ou obliques.
Calcul mental : Additionner deux nombres dont le total est ≤ 9.
Photofiches : Parcours **A** et **B** p. 22

....	....	....	....	....

1 **Trace** à la règle la ligne droite entre chaque point de même couleur.

2 **Trace** à la règle la ligne droite entre chaque point de même couleur.

20 Repérage dans l'espace de la classe

Compétence : Situer des objets ou des personnes les uns par rapport aux autres en utilisant un vocabulaire spatial précis : « à gauche de, à droite de, sur, sous, entre, devant, derrière ».
Calcul mental : Réciter la suite numérique dans l'ordre croissant ou décroissant.
Photofiches : Parcours **A** et **B** p. 23

1 **Entoure** la bonne réponse : **à droite de** ou **à gauche de**.

- Lola est **à droite de** Noé. Lola est **à gauche de** Noé.
- Samia est **à droite de** Max. Samia est **à gauche de** Max.
- La maîtresse est **à gauche du** tableau. La maîtresse est **à droite du** tableau.

2 **Complète** avec **sur** ou **sous**.

- Léo est .... le banc.
- La poubelle est ....
  le banc.

3 **Entoure VRAI** ou **FAUX**.

- Théo est **entre** Mathis et Lucie. VRAI FAUX
- Mathis est **entre** Théo et Lucie. VRAI FAUX

4 **Entoure** la bonne réponse.

- Qui est **derrière** Théo ?
  Lisa ou Noé
- Qui est **derrière** Pierre ?
  Jade ou Max
- Qui est **devant** Samia ?
  Jade ou Max
- Qui est **devant** Lola ?
  Théo ou Lisa

21 Le nombre 0

Compétence : Comprendre la valeur du nombre 0.
Calcul mental : Résoudre un problème additif simple.
Photofiches : Parcours **A** p. 24 – Parcours **B** p. 25

....

1 Noé a sorti les objets de sa boîte de jeux.
123 **Écris** le nombre de chaque objet dans le tableau.

	Nombre
	5
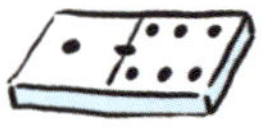	......
	......
	......
	......

2 123 **Écris** les nombres des dominos.

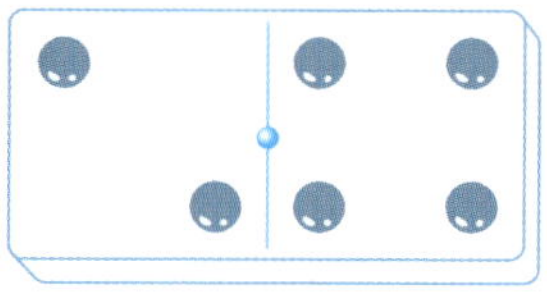
....

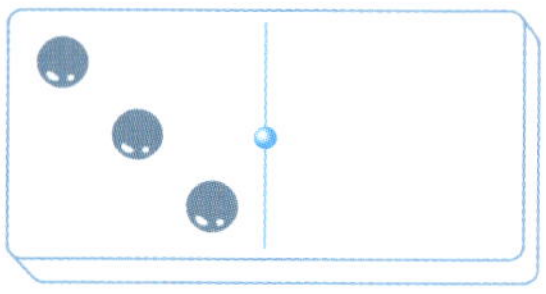
....

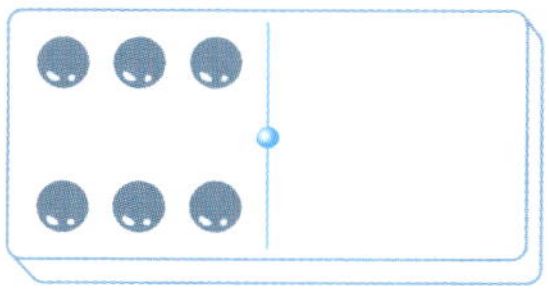
....

3 123 **Écris** le nombre total de perles.

...... + ... = ...

4 **Complète** l'addition pour avoir le nombre total de peluches.

...... + ... + ... = ...

Litchi saute sur la 7e case.
Colorie sa case d'arrivée.

1	2	3	4	5	6	7	8	9	10

22 Le nombre 10

Compétences : Dénombrer et constituer des collections égales à 10.
Calcul mental : Ajouter ou retrancher 1.
Photofiches : Parcours **A** p. 24 – Parcours **B** p. 25

1 123 **Écris** les nombres.

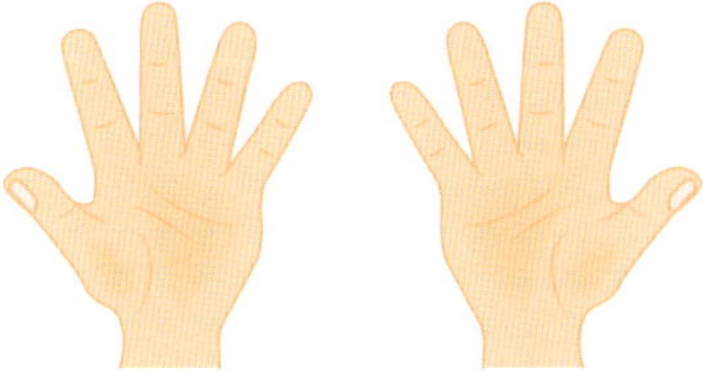
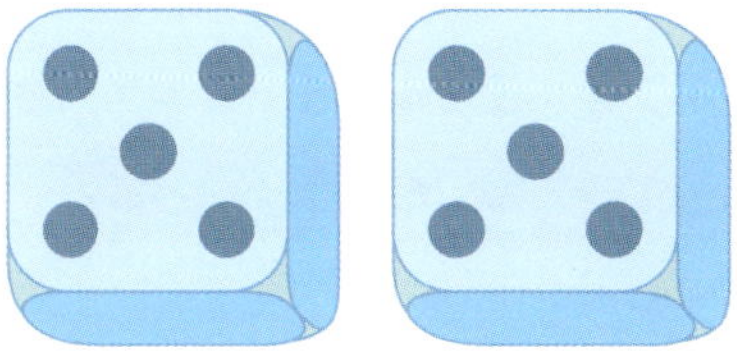

2 **Dessine** les jetons qu'il faut ajouter pour obtenir 10.

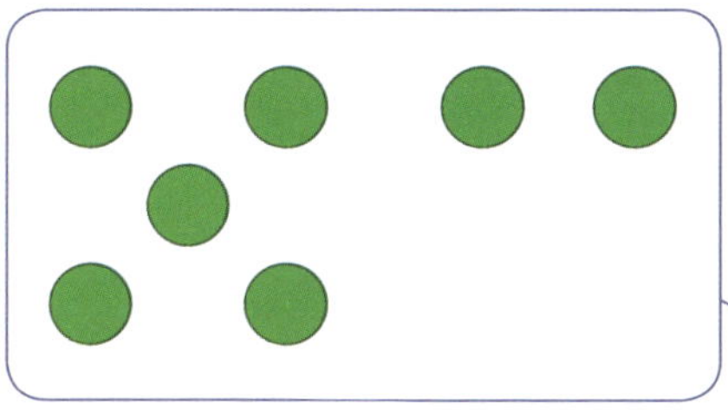

10

3 **Barre** les jetons en trop pour obtenir 10.

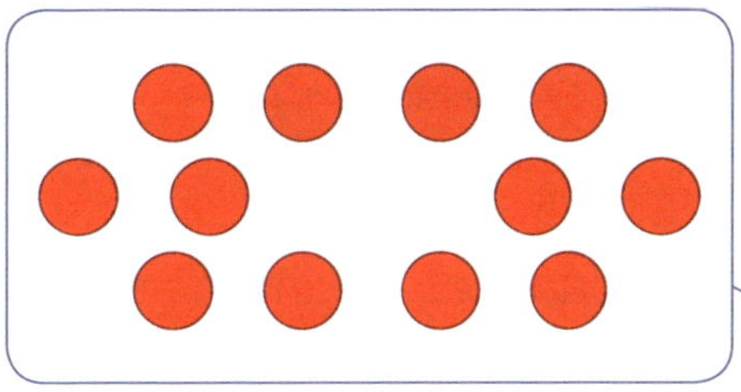

10

4 **Colorie** la barre 10 sur la règle à calculer.

1	2	3	4	5	6	7	8	9	10	11	12	13	14	15	16	17	18	19	20

5 **Entoure** pour faire des paquets de 10 personnages identiques.

Litchi avance de 2 cases, puis de 3 cases.
Colorie sa case d'arrivée.

1	2	3	4	5	6	7	8	9	10

23 Calcul en ligne : additions jusqu'à 9

Compétence : Connaître les faits numériques utiles pour tous les calculs additifs.
Calcul mental : Comparer des nombres ≤ 10.
Photofiches : Parcours **A** et **B** p. 26

1 Lola a fait des calculs en s'aidant de sa règle à calculer.
Complète les additions.

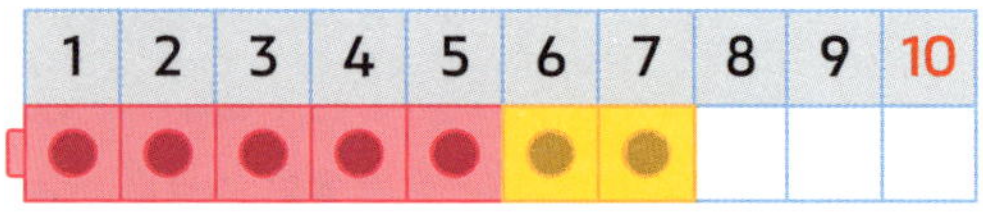

5 + 2 = ……

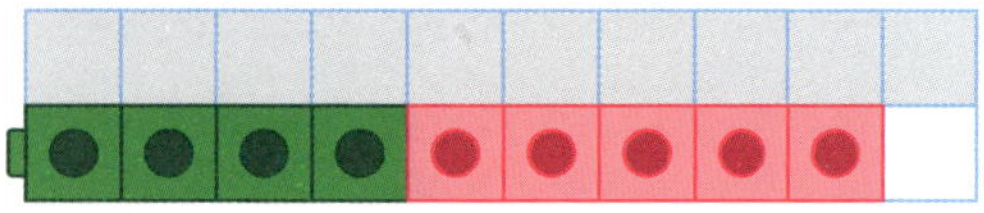

…… + …… = ……

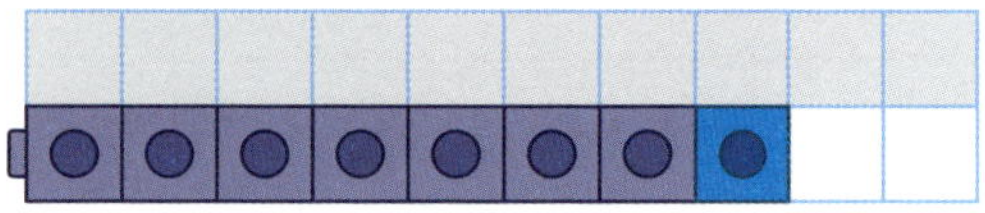

…… + …… = ……

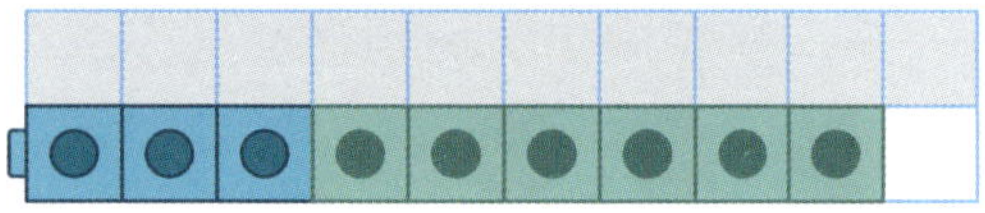

…… + …… = ……

2 Les nombres dans les additions sont inversés. **Calcule** les additions.

3 + 2 = ……
2 + 3 = ……
3 + 2 = …… + 3

4 + 5 = ……
5 + 4 = ……
4 + 5 = 5 + ……

5 + 3 = ……
3 + 5 = ……
5 + …… = 3 + 5

3 **Complète** les additions.

…… + 5 = 6
2 + …… = 6
…… + 3 = 6
5 + …… = 6
…… + 2 = 6

1 + …… = 7
…… + 5 = 7
3 + …… = 7
6 + …… = 7
…… + 2 = 7
4 + …… = 7

…… + 7 = 8
2 + …… = 8
…… + 5 = 8
4 + …… = 8
…… + 1 = 8
6 + …… = 8
…… + 3 = 8

1 + …… = 9
…… + 7 = 9
3 + …… = 9
…… + 5 = 9
8 + …… = 9
…… + 2 = 9
6 + …… = 9
…… + 4 = 9

24 Problèmes du champ additif (1)

Compétence : Résoudre des problèmes du champ additif à une étape en modélisant à l'aide d'un schéma.
Calcul mental : Additionner 2 nombres dont le total est ≤ 10.
Photofiches : Parcours **A** et **B** p. 27

1 Lola a 5 images d'animaux. Noé lui en donne 4.
Combien Lola a-t-elle d'images maintenant ?

Complète le dessin.

images de Lola

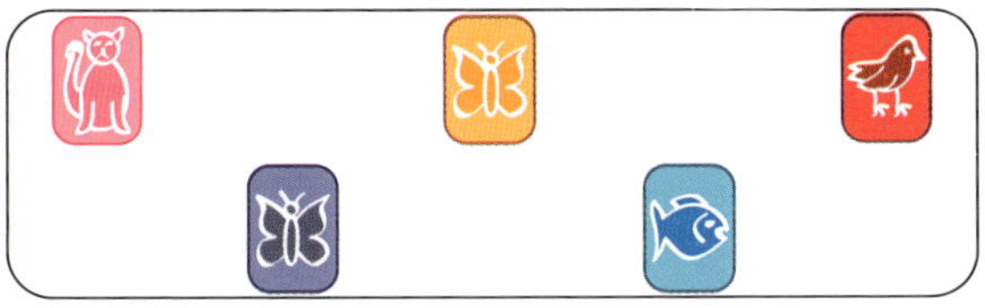

images données par Noé

Écris l'opération.

images de Lola		images données		images au total
....	+	....	=	....

Écris la réponse.

Maintenant, Lola a .... images.

2 Pour aller en gymnastique, la maîtresse demande à Lola et Noé de prendre les plots.

Combien Noé doit-il prendre de plots ?

Dessine les plots.

Plots de Lola	Plots de Noé	Total demandé

Écris l'opération.

plots de Lola		plots de Noé		plots au total
....	+	....	=	....

Écris la réponse.

Noé doit prendre .... plots.

25 Tracés à la règle (3)

Compétences : Utiliser la règle comme instrument de tracé. Tracer des droites horizontales, verticales ou obliques passant par deux points représentés par une croix.
Calcul mental : Réciter la suite des nombres à partir de 1 en allant le plus loin possible.
Photofiches : Parcours **A** et **B** p. 28

1 **Trace** à la règle le chemin de Lola pour aller à l'école.

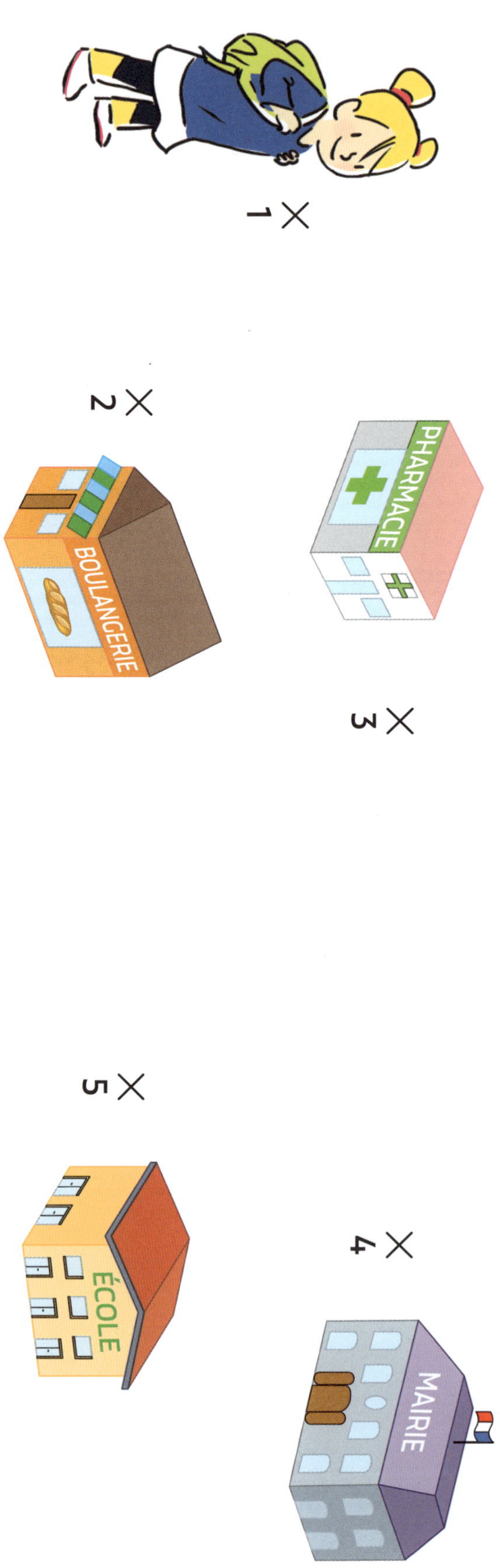

2 Noé tire des flèches avec son arc.
Trace à la règle la ligne droite entre chaque flèche et le centre de la cible.

26 Repérage dans l'espace de la cour de l'école

Compétence : Situer les uns par rapport aux autres des objets ou des personnes qui se trouvent dans un espace familier (la cour de l'école) en utilisant un vocabulaire spatial précis.
Calcul mental : Additionner 2 nombres dont le total est ≤ 10.
Photofiches : Parcours **A** et **B** p. 29

1 **Entoure** les phrases exactes.

- La porte du CP est **à droite** de l'école.
- La porte du CP est **à gauche** de l'école.
- La porte du CM2 est **à droite** de l'école.
- La porte du CM2 est **à gauche** de l'école.

2 **Écris sur** ou **sous**.

- Théo est monté .... le toboggan.
- Lola est cachée .... la cabane.

3 **Dessine** un banc **entre** les deux arbres dans la cour de l'école.

4 **Entoure** la bonne réponse.

L'horloge est au-dessus / au-dessous du drapeau.

Le stade est devant / derrière l'école.

27 Décomposition du nombre 10
Les compléments à 10 (1)

Compétence : Découvrir les compléments à 10.
Calcul mental : Identifier le nombre manquant dans la suite numérique.
Photofiches : Parcours **A** p. 30 – Parcours **B** p. 31

1 123 **Écris** le nombre de balles de jonglage que possèdent Lola et Noé.

.... + ... = ...

2 123 **Écris** le nombre total de doigts levés.

.... + ... = 10

.... + ... = ...

3 **Complète** le dé vide pour aider Lola à faire 10.

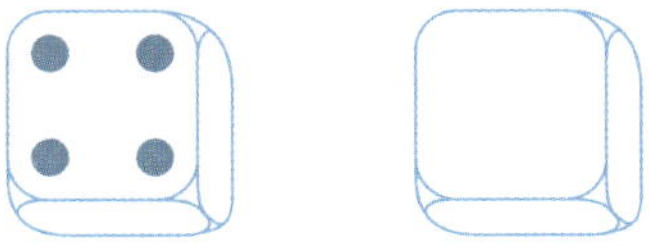

.... + ... = 10

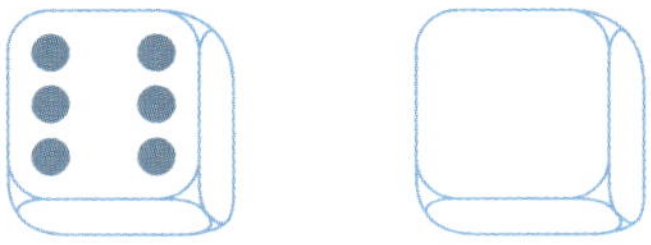

.... + ... = 10

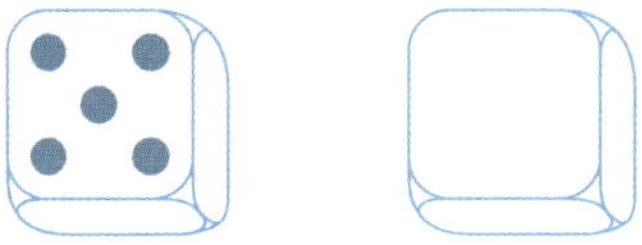

.... + ... = 10

Litchi avance de 2 cases, puis de 3 cases.
Colorie sa case d'arrivée.

1	2	3	4	5	6	7	8	9	10

28 Décomposition du nombre 10 Les compléments à 10 (2)

Compétence : Répertorier toutes les décompositions de 10 pour les réutiliser en situation-problème.
Calcul mental : Résoudre un problème additif simple.
Photofiches : Parcours **A** p. 30 – Parcours **B** p. 31

1 Noé recherche toutes les possibilités de faire 10 en additionnant 2 nombres.
Complète les additions.

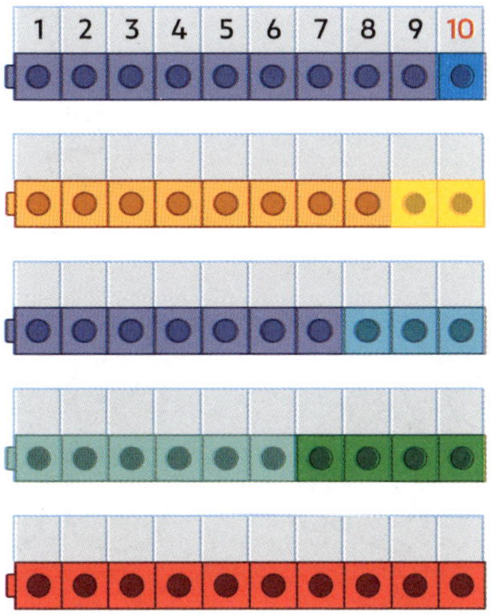

.... + ... = 10

.... + ... = ...

.... + ... = ...

.... + ... = ...

.... + ... = ...

2 **Complète** les autres possibilités.

.... + 9 = 10 | .... + 8 = 10 | .... + 10 = 10

5 + ... = 10 | 3 + ... = 10 | 4 + ... = 10

3 Noé et Lola ont des sacs de caramels. Ils les rangent dans 3 boîtes pouvant contenir 10 caramels chacune.
Relie pour les aider à ranger les sacs.

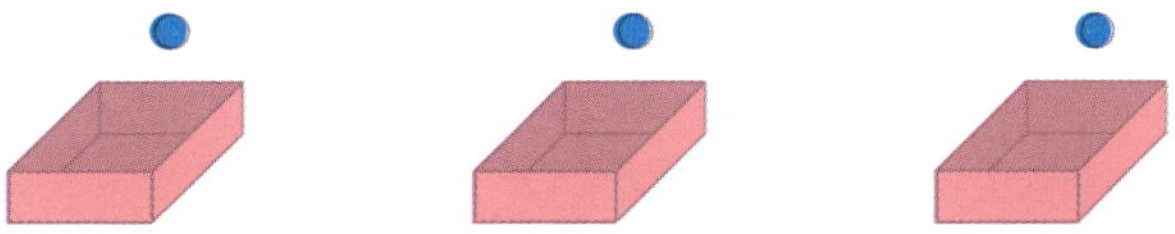

Litchi avance de 7 cases.
Colorie sa case d'arrivée.

1	2	3	4	5	6	7	8	9	10

29 Les mots pour lire et écrire les nombres jusqu'à 10

Compétence : Associer les nombres de 1 à 10 à leur écriture chiffrée.
Calcul mental : Trouver le nombre pensé.

1 **Entoure** le nombre d'animaux écrit en lettres.

un – deux – trois

un – deux – trois

un – deux – trois

quatre – cinq – six

quatre – cinq – six

quatre – cinq – six

sept – huit – neuf

sept – huit – neuf

sept – huit – neuf

2 **Écris** les nombres en lettres.

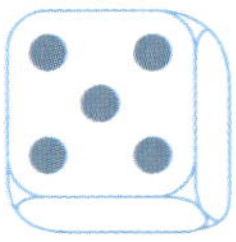

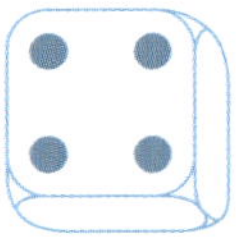

3 **Écris** les nombres en lettres.

4 **Écris** en lettres.

2

9

6

30 Révisions (2)

Calcul mental

....	....	....	....	....	....

1 123 **Écris** les nombres.

.... poussins

.... billes

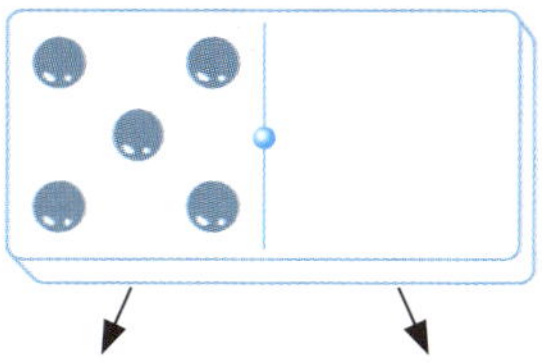

....

2 **Complète** et **entoure** la bonne réponse : **grand** ou **petit**.

.... est plus (grand / petit) que ....

3 123 **Écris** les nombres et **compare** avec **<** ou **>**.

....

4 2+1 **Calcule** les additions.

7 + 2 = ...

8 + 1 = ...

5 123 **Écris** en chiffres.

neuf .... six ....

sept .... deux ....

quatre .... huit ....

6 **Complète** les additions.

9 + ... = 10

8 + ... = 10

5 + ... = 10

7 **Trace** à la règle la ligne droite entre les points de même couleur.

31 Dizaines et unités (1)

Compétence : Dénombrer une collection en utilisant les groupements par 10.
Calcul mental : Additionner deux nombres dont le total est ≤ 10.
Photofiches : Parcours **A** p. 32 – Parcours **B** p. 33

1 Les vaches rentrent à l'étable.
Entoure-les par groupe de 10. **Complète** le tableau.

groupe de 10 vaches	vaches seules
....	....

Il y a .... vaches au total.

Il y a .... groupe de 10 vaches et .... vaches seules.

2 Les balles de tennis sont rangées à l'unité ou par boîtes de 10 (10 = 1 dizaine).
Complète pour avoir 1 dizaine de balles et 6 balles seules.

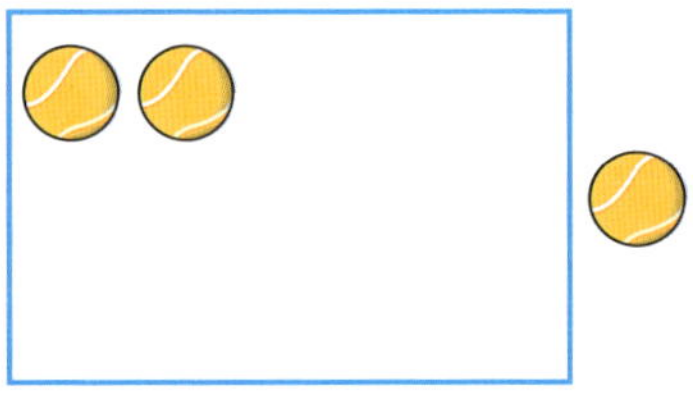

dizaine de balles	balles seules unités
....	....

Il y a .... balles au total.

Il y a .... dizaine de balles et .... balles seules.

3 Lola compte les escargots en les regroupant par dizaines.
Complète le tableau.

10 escargots = dizaines	escargots seuls = unités
....	....

Il y a .... dizaines d'escargots et .... escargots seuls.

Il y a .... escargots au total.

De combien de cases Litchi doit-il avancer pour arriver à 10 ? **Complète.**

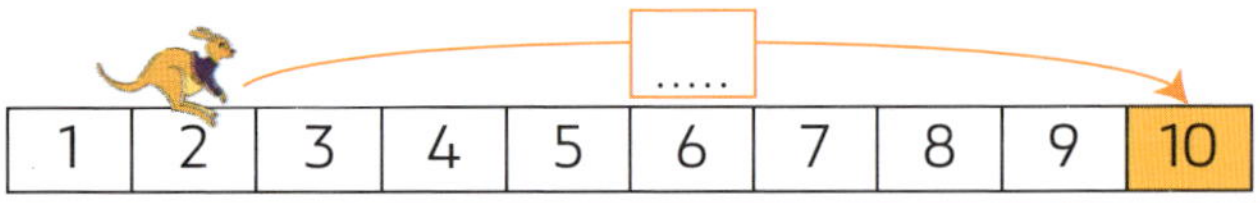

32 Dizaines et unités (2)

Compétence : Dénombrer une collection en utilisant les groupements par 10.
Calcul mental : Trouver la valeur d'une transformation.
Photofiches : Parcours **A** p. 32 – Parcours **B** p. 33

....

1 **Entoure** les **unités** par 10 et **complète**.

dizaine	unités seules
....	....

.... unités au total

Il y a .... dizaine et .... unités seules.

2 **Complète** pour avoir 1 **dizaine** et 7 **unités** et **complète**.

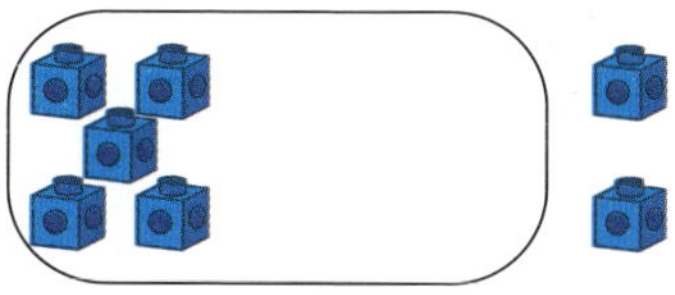

dizaine	unités seules
....	....

.... unités au total

Il y a .... dizaine et .... unités seules.

3 **Entoure** chaque **dizaine** et **complète**.

dizaines	unités
....	....

.... unités au total

Il y a .... dizaines et .... unités seules.

De combien de cases Litchi doit-il reculer pour arriver à 7 ? **Complète.**

.....

1	2	3	4	5	6	7	8	9	10

33 Les alignements (1)

Compétences : Utiliser la règle pour repérer ou vérifier un alignement. Réaliser un alignement.
Calcul mental : S'entraîner sur la table d'addition de 2 avec un résultat ≤ 10.
Photofiches : Parcours **A** et **B** p. 34

1 **Trace** la ligne sur laquelle ces enfants sont alignés.

2 **Trace** la ligne droite qui joint les 2 points **rouges**.
Barre les soldats qui ne sont pas alignés sur la ligne droite.

3 Les arbres sont alignés sur le trottoir. **Trace** la ligne droite qui joint les 2 points **rouges**.
Découpe les arbres de la page matériel 5. **Colle**-les pour qu'ils soient bien alignés sur la ligne.

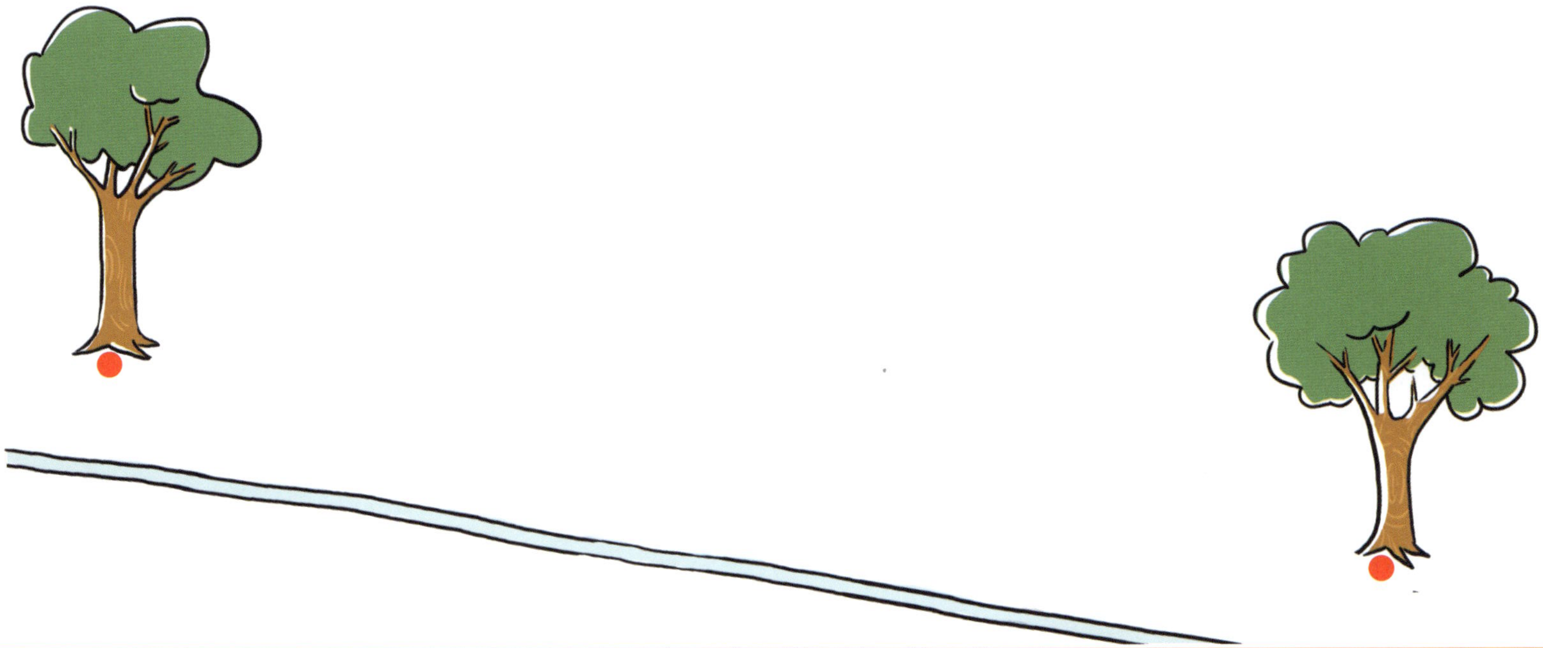

34 Les déplacements dans la classe

Compétences : S'orienter et se déplacer dans un espace familier en utilisant des repères.
Calcul mental : Identifier et nommer des nombres pairs et impairs.
Photofiches : Parcours **A** et **B** p. 35

1 **Observe** le déplacement de Lola dans la classe en arrivant le matin.

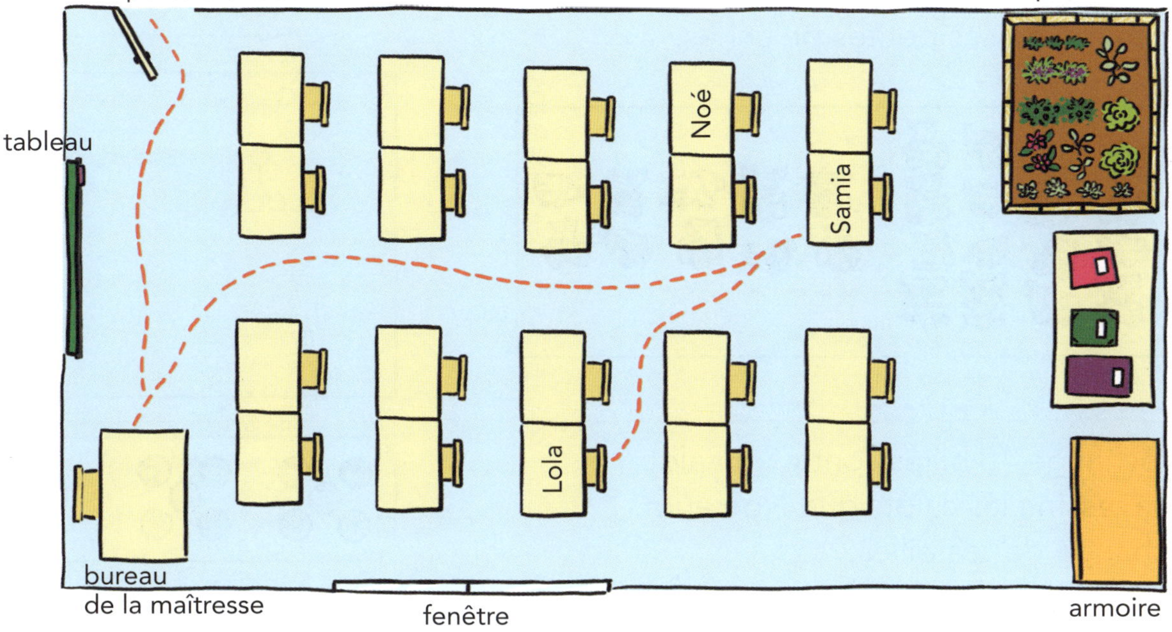

Numérote les dessins dans l'ordre du déplacement de Lola.

bureau de la maîtresse	table de Lola	porte d'entrée	table de Samia
....	....	....	....

2 **Trace** en **bleu** le déplacement de Noé sur le plan en respectant l'ordre suivant :

porte d'entrée	coin plantations	armoire	fenêtre	tableau	table de Noé
1	2	3	4	5	6

35 L'échange des unités en dizaines (1)

Compétence : Découvrir la règle d'échange de 10 unités contre une dizaine.
Calcul mental : Identifier le nombre manquant dans la suite numérique donnée.
Photofiches : Parcours **A** p. 36 – Parcours **B** p. 37

1 À la fête foraine, il faut échanger 10 petites peluches pour en avoir une grande.
Dessine les grandes peluches que Lola aura en échange de ses petites peluches.

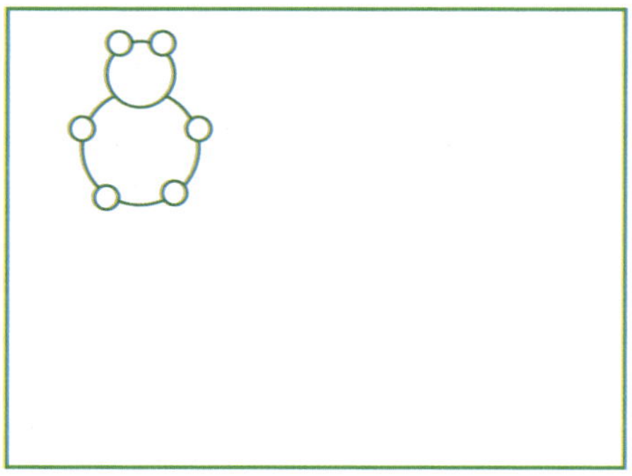

2 Noé échange 10 billes contre un calot.
Dessine les calots que Noé aura en échange de ses billes.

3 Léo a plusieurs pièces de 1 euro.
Il veut les échanger contre des billets de 10 €.
Dessine les billets que Léo obtient en échange de ses pièces.

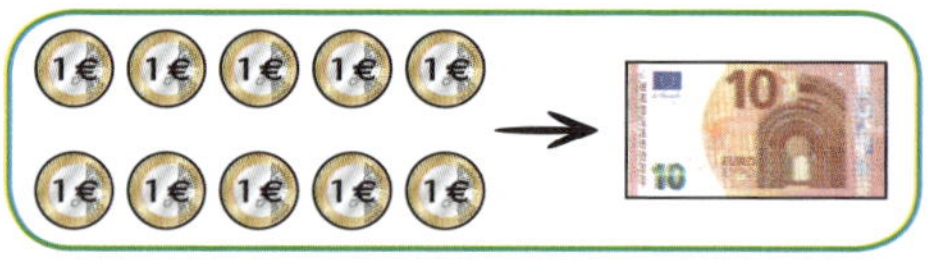

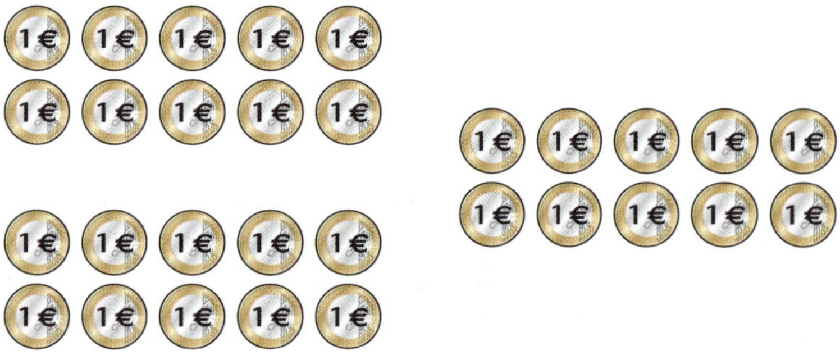

Litchi avance de 8 cases, puis recule de 2 cases.
Colorie sa case d'arrivée.

1	2	3	4	5	6	7	8	9	10

36 L'échange des unités en dizaines (2)

......	......	......	......	......

Compétences : Découvrir la règle d'échange de 10 unités contre une dizaine. Approcher la notion de valeur des chiffres en fonction de leur position (unités, dizaines).
Calcul mental : Résoudre des problèmes additifs simples de type a + ? = c et ? + b = c.
Photofiches : Parcours **A** p. 36 – Parcours **B** p. 37

1 **Colorie** les cubes-unités bleus sur la règle à calculer.

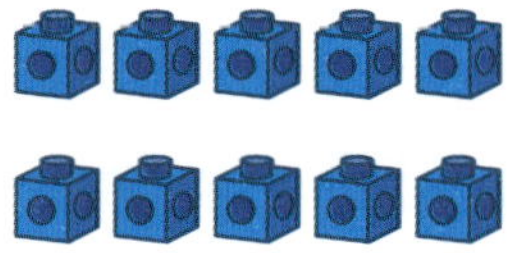

1	2	3	4	5	6	7	8	9	10	11	12	13	14	15	16	17	18	19	20

Entoure la bonne réponse.

Je peux échanger 10 unités bleues contre une dizaine rouge. Vrai Faux

2 Noé échange 10 unités contre une dizaine.
Complète le dessin de l'échange.

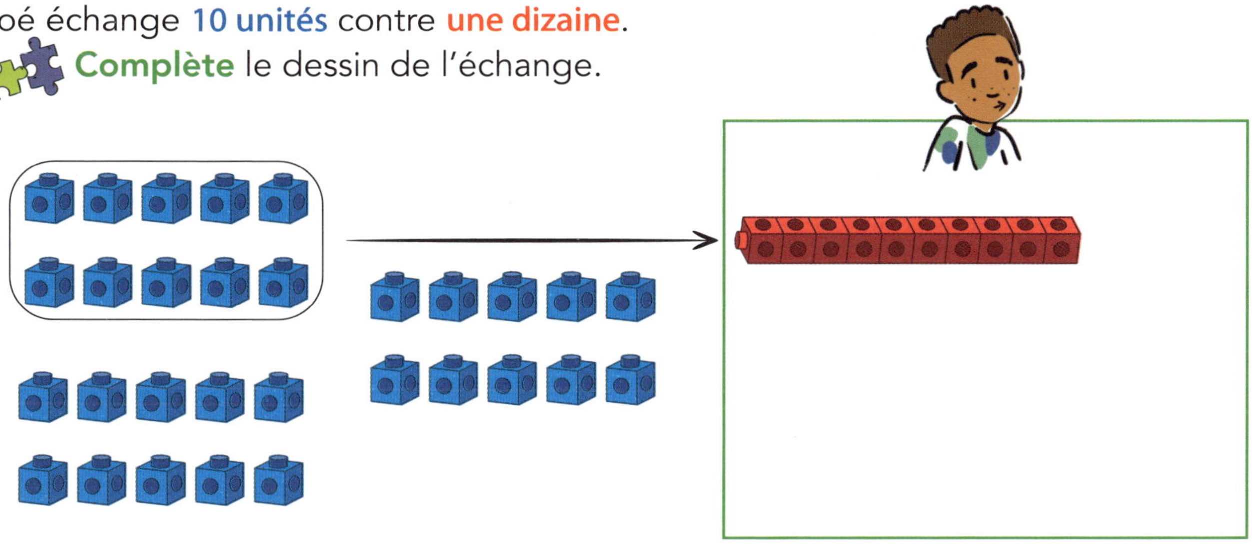

3 Lola échange ses unités contre des dizaines. Il lui reste des unités seules.
Complète le dessin de l'échange et le tableau.

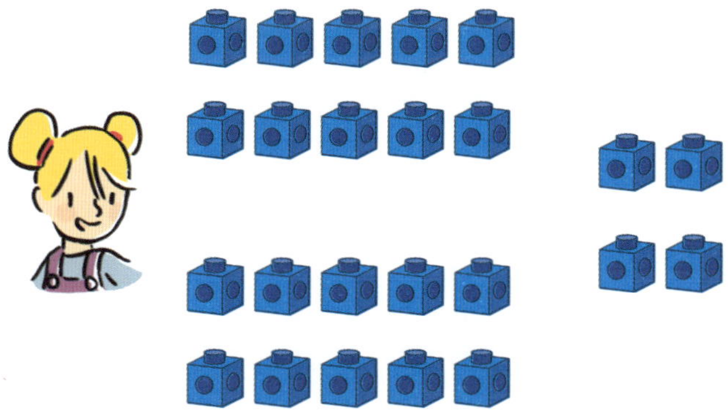

dizaines	unités
....	....

Litchi recule de 2 cases, puis de 3 cases.
Colorie sa case d'arrivée.

1	2	3	4	5	6	7	8	9	10

37 Comparaison de longueurs

Compétences : Estimer à vue des rapports très simples de longueur. Comparer des objets selon leur longueur. Utiliser le lexique spécifique à la comparaison de longueurs.
Calcul mental : S'entraîner sur la table d'addition de 2.
Photofiches : Parcours **A** p. 38 – Parcours **B** p. 39

1 Lola a dessiné 4 tours.
Range-les de la moins haute à la plus haute.

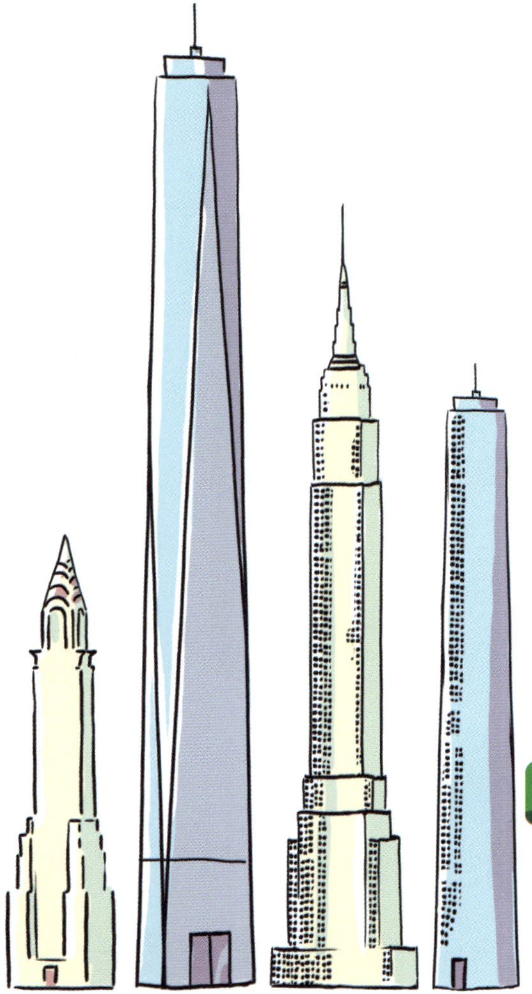

1 ....

2 **Découpe** les 4 bandes du matériel page 6
Colle-les de la plus petite à la plus grande.

Colle ici la bande la plus petite.

Colle ici la bande la plus grande.

3 **Complète** avec *plus grande* ou *plus petite* pour comparer les bandes.

La bande verte est .... que la bande bleue.

La bande bleue est .... que la bande rouge.

La bande rouge est .... que la bande verte.

La bande jaune est .... que la bande rouge.

38 Mesure de longueurs avec un étalon

Compétence : Mesurer des segments en utilisant une unité « étalon ».
Calcul mental : S'entraîner sur les compléments à 10.
Photofiches : Parcours **A** p. 38 - Parcours **B** p. 39

1 **Découpe** les bandes unités du matériel page 6.
Combien en faut-il pour faire la même longueur que chacune des bandes de couleur ?

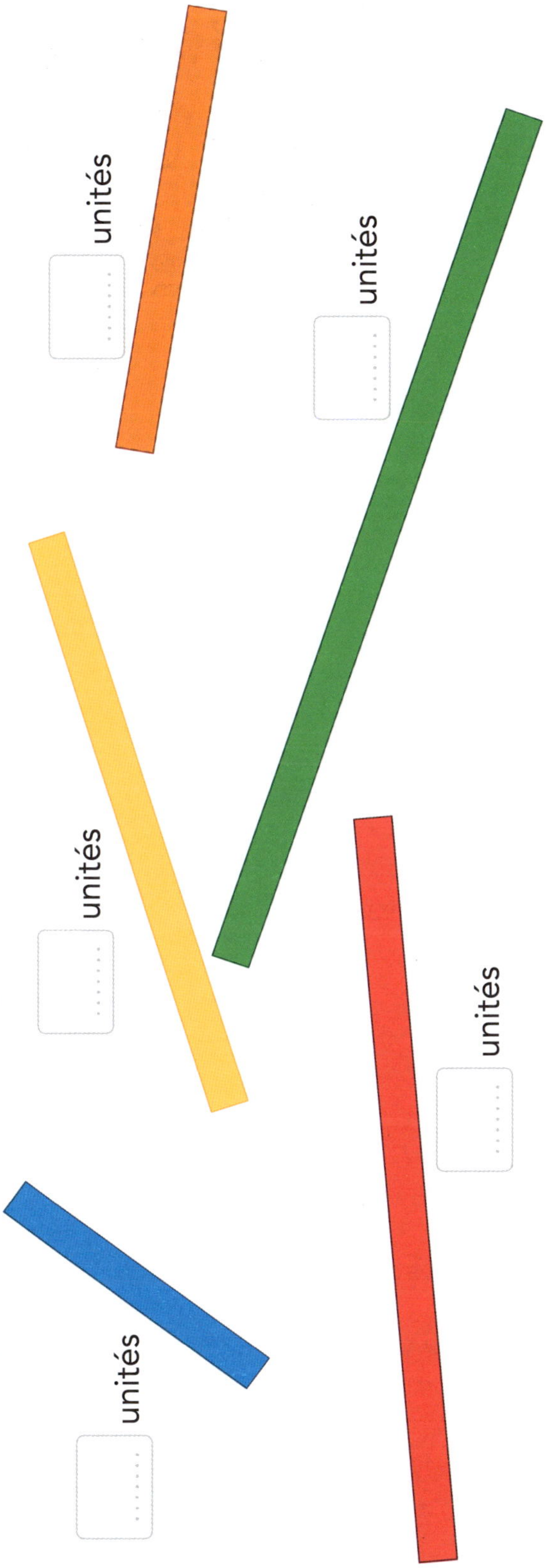

2 **Mesure** ces bandes avec la réglette du matériel page 6.
Écris la mesure de chaque bande.

39 Les nombres de 11 à 16

Compétences : Dénombrer et constituer des collections de 11 à 16 éléments en utilisant les groupements en dizaine.
Calcul mental : Trouver le nombre qui précède et qui suit un nombre donné ≤ 10.
Photofiches : Parcours **A** p. 40 – Parcours **B** p. 41

1 123 **Écris** le nombre de moutons et de poules.

2 **Entoure** les jetons par 10 et **complète**.

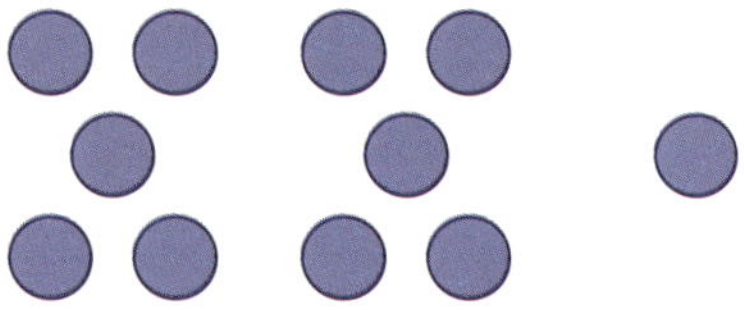

.... dizaine .... unité

C'est le nombre ....

.... dizaine .... unités

C'est le nombre ....

3 **Entoure** par 10.

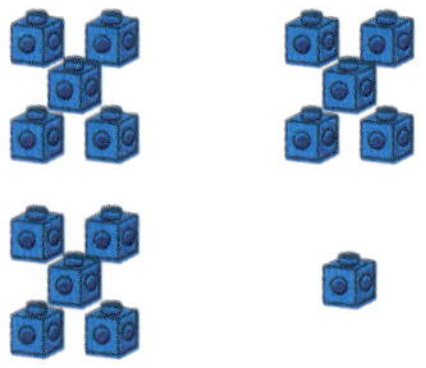

Échange 10 cubes-unités contre 1 barre-dizaine.

→

Complète le tableau.

→

dizaine	unités
....	....

4 **Colorie** la règle à calculer et **complète** l'addition.

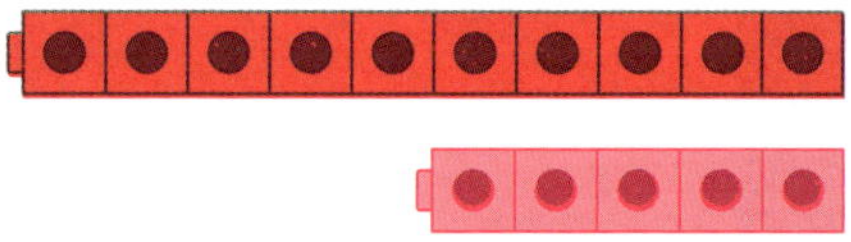

1	2	3	4	5	6	7	8	9	10	11	12	13	14	15	16	17	18	19	20

10 + ... = ...

Litchi avance de 6 cases.

Colorie sa case d'arrivée.

1	2	3	4	5	6	7	8	9	10	11	12	13	14	15

40 Décomposition des nombres de 11 à 16

Compétences : Composer et décomposer sous forme additive les nombres de 11 à 16. Mémoriser les tables d'addition correspondantes.
Calcul mental : S'entraîner sur la table d'addition de 3 dont le résultat est ≤ 10.
Photofiches : Parcours **A** p. 40 – Parcours **B** p. 41

1 Lola organise une pêche aux canards. 2+1 **Calcule** le nombre total de canards.

…… + …… = ……

2 **Colorie** les cubes sur la règle à calculer et **complète** l'addition.

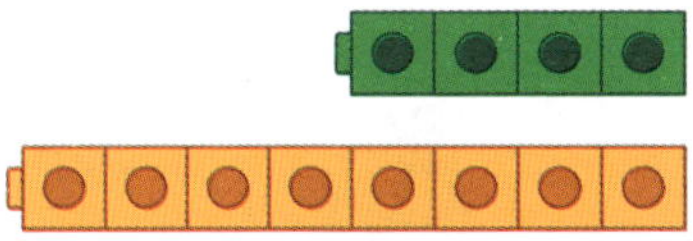

1	2	3	4	5	6	7	8	9	10	11	12	13	14	15	16	17	18	19	20

4 + …… = ……

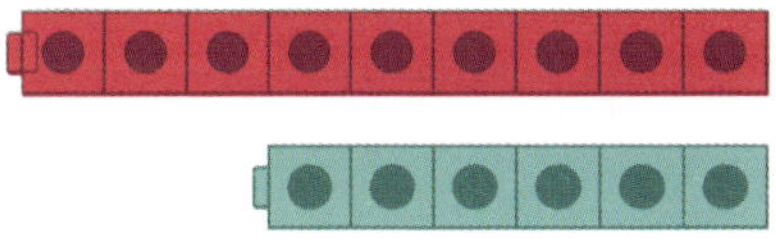

1	2	3	4	5	6	7	8	9	10	11	12	13	14	15	16	17	18	19	20

9 + …… = ……

3 2+1 **Calcule** les additions.

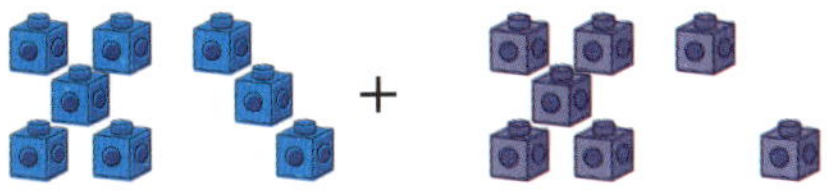

…… + …… = ……

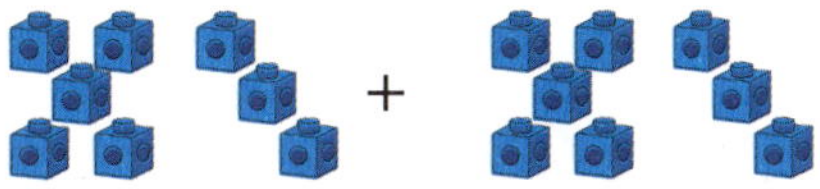

…… + …… = ……

4 2+1 **Calcule** les additions.

9 + 7 = ……
7 + 9 = ……

8 + 6 = ……
6 + 8 = ……

7 + …… = 11
9 + …… = 13

Litchi avance de 6 cases.
Colorie sa case d'arrivée.

1	2	3	4	5	6	7	8	9	10	11	12	13	14	15

41 Problèmes du champ additif (2)

Compétences : Résoudre des problèmes du champ additif. Comprendre le problème posé. Établir une stratégie de résolution en s'appuyant sur un dessin ou un schéma.
Calcul mental : Réciter la suite numérique à partir d'un nombre donné.
Photofiches : Parcours **A** et **B** p. 42

1 Lola cueille 6 tomates. Noé lui en donne 5.
Combien Lola a-t-elle de tomates maintenant ?

Complète le dessin.

tomates de Lola

tomates données par Noé

Complète l'opération.

tomates de Lola		tomates de Noé		tomates au total
....	+	....	=	....

Écris la réponse.

Maintenant, Lola a .... tomates.

2 Pour faire sa tarte aux prunes, Papa demande à Lola et Noé de cueillir 12 prunes.
Noé en rapporte 4.
Combien Lola doit-elle cueillir de prunes ?

Complète le schéma.

total de prunes pour faire la tarte

prunes de Noé .... prunes de Lola

Complète l'opération.

prunes de Noé		prunes de Lola		total de prunes
....	+	....	=	....

Écris la réponse.

Lola doit cueillir .... prunes.

42 Les nombres de 17 à 19

......	......	......	......	......

Compétences : Dénombrer et constituer des collections de 17 à 19 éléments en utilisant les groupements en dizaine. Associer les noms des nombres à leur écriture en chiffres.
Calcul mental : S'entraîner sur la table d'addition de 3.
Photofiches : Parcours **A** et **B** p. 43

1

Noé collectionne les voitures, les dinosaures et les dauphins.

Entoure la dizaine dans chaque collection d'objets.

Écris les nombres en chiffres et en lettres.

...... voitures

dix- ....

...... dinosaures

dix- ....

...... dauphins

dix- ....

2

Colorie les additions sur la règle à calculer et **complète**-les.

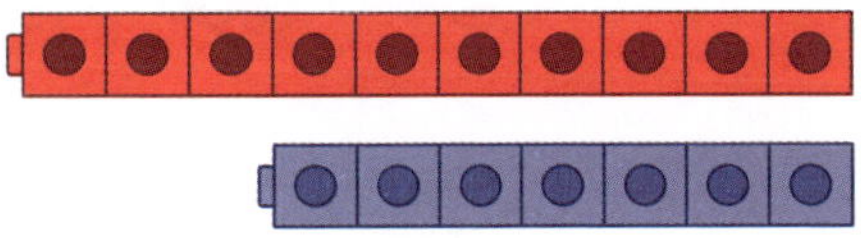

1	2	3	4	5	6	7	8	9	10	11	12	13	14	15	16	17	18	19	20

10 + ... = ... dix- ....

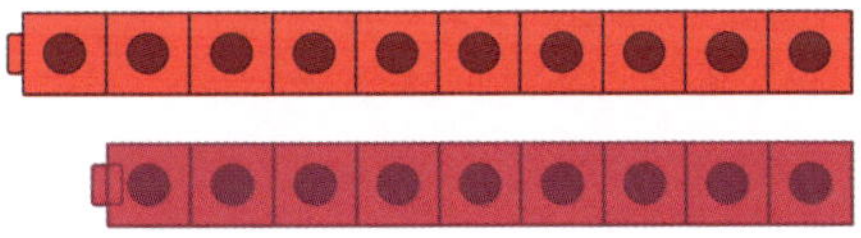

1	2	3	4	5	6	7	8	9	10	11	12	13	14	15	16	17	18	19	20

10 + ... = ... -neuf

3

Lola connaît les numéros des services d'urgence.

le quinze : le SAMU 

le dix-sept : la police 

le dix-huit : les pompiers 

Relie le numéro et le service d'urgence.

15 • • 

17 • • 

18 • • 

Écris les nombres manquants.

1	.....	.....	4	.....	.....	.....	8	.....	10	.....	.....	13	.....	.....	16

43 Le sens de la soustraction (1)

Compétence : Découvrir le sens de la soustraction (le reste après retrait) et le signe –.
Calcul mental : Trouver la valeur d'une transformation.
Photofiches : Parcours **A** p. 44 – Parcours **B** p. 45

1

~~Mot~~ **Barre** les 2 fraises que Lola a mangées.

2+1 **Calcule** la soustraction.

fraises au total		fraises mangées		fraises restantes
7	–	2	=	....

2

~~Mot~~ **Barre** les 3 billes que Noé a perdues.

Complète la soustraction et 2+1 **calcule**-la.

billes au total		billes perdues		billes restantes
8	–	....	=	....

3

~~Mot~~ **Barre** les 5 vers que l'oiseau a mangés.

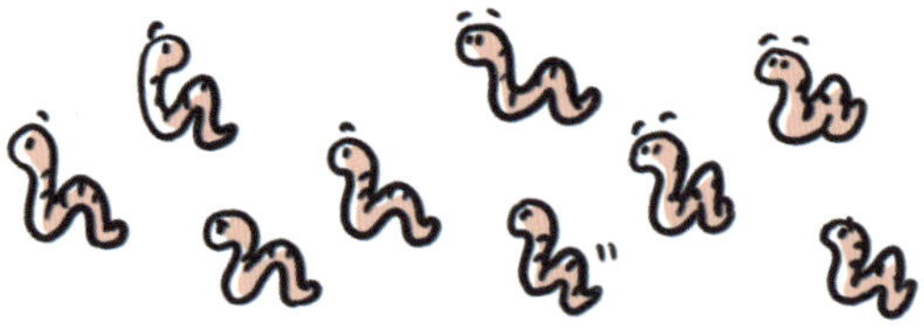

Complète la soustraction et 2+1 **calcule**-la.

vers au total		vers mangés		vers restants
....	–	....	=	....

Litchi recule de 4 cases.

Colorie sa case d'arrivée.

1	2	3	4	5	6	7	8	9	10	11	12	13	14	15

44 Le sens de la soustraction (2)

Compétence : Découvrir le sens de la soustraction (la différence entre deux quantités) et le signe –.
Calcul mental : Décomposer les nombres de 11 à 19 en appui sur 10.
Photofiches : Parcours **A** p. 44 – Parcours **B** p. 45

1 Combien de noisettes manque-t-il pour en avoir autant que d'écureuils ?

écureuils .... – noisettes .... = différence ....

2 Combien manque-t-il de pions jaunes pour en avoir autant que de pions roses ?

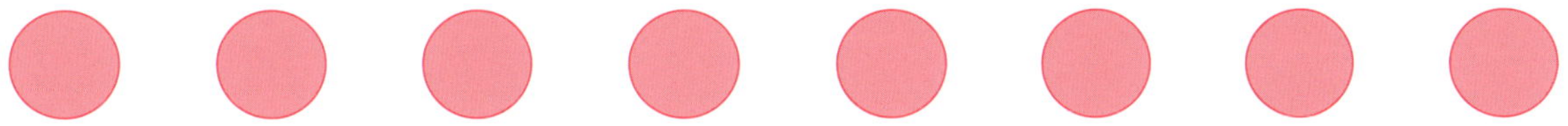

pions roses .... – pions jaunes .... = différence ....

3 2+1 **Calcule** la différence entre la barre 8 et la barre 6.

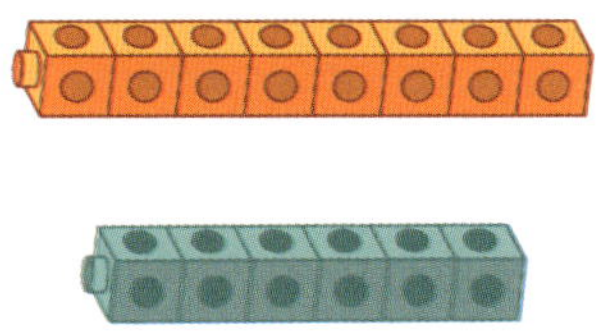

8 – .... = ...

4 2+1 **Calcule** les soustractions.

6 – 3 = ...

7 – 6 = ...

9 – 4 = ...

Litchi recule de 6 cases.
Colorie sa case d'arrivée.

1	2	3	4	5	6	7	8	9	10

45 Problèmes pour apprendre à chercher (2)

Compétence : S'engager dans une démarche de résolution de problèmes en émettant des hypothèses, en les testant, en essayant plusieurs pistes, en exposant sa démarche de recherche.
Calcul mental : Réciter la suite numérique dans l'ordre décroissant entre deux nombres donnés.
Photofiches : Parcours **A** et **B** p. 144

1 Lou doit ranger les crayons du plus court au plus long. **Aide**-la.

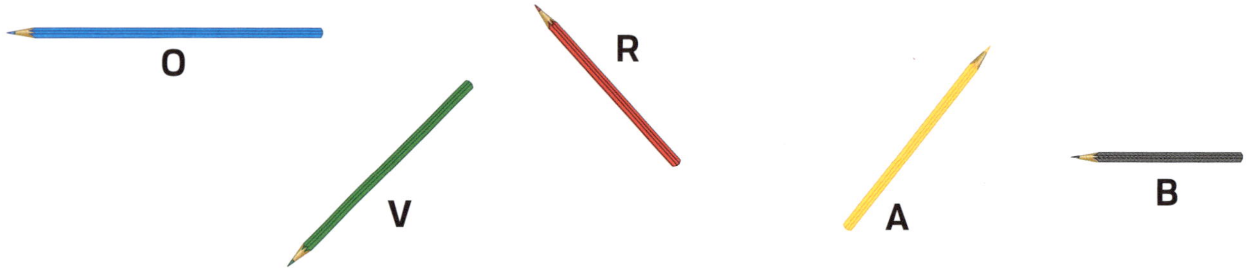

Fais tes essais.

Écris les lettres dans l'ordre. Tu découvriras un mot-mystère !

....

Le mot-mystère est : ....

2 Pour ouvrir le coffre-fort, les pirates doivent trouver le code.
La somme des 4 chiffres est égale à 12.

3	....	5	....

Fais tes essais.

Écris tous les codes que les pirates doivent essayer.

....

....

46 Révisions (3)

Calcul mental

....

1 **Entoure** les koalas par groupe de 10 et **complète** le tableau.

.... koalas

dizaine de koalas	koalas seuls unités
....	....

2 **Trace** la ligne droite qui passe par les 2 points **bleus**.

Barre les fleurs qui ne sont pas alignées.

3 **Calcule** la différence entre les 2 barres.

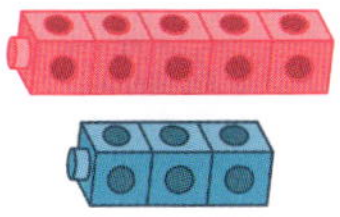

5 – .... = ...

4 **Entoure** les jetons par 10 et **complète**.

....

.... dizaine et .... unités

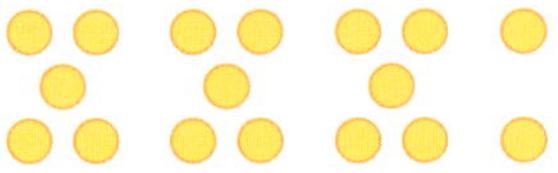

....

.... dizaine et .... unités

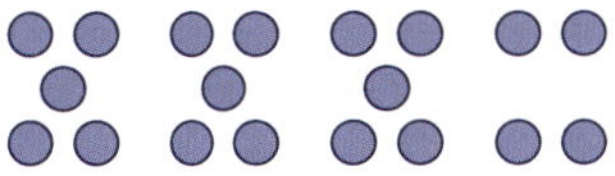

....

.... dizaine et .... unités

5 **Complète** le dessin de l'échange 10 unités contre 1 dizaine et le tableau.

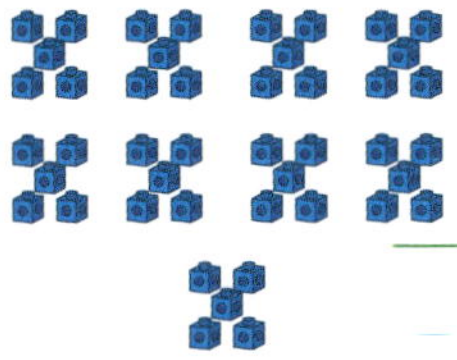

dizaines	unités
....	....

6 **Utilise** la réglette du matériel pour mesurer ces bandes.

Écris la mesure de chaque bande.

.... unités

.... unités

47 Décomposition des nombres de 17 à 19

Compétences : Composer et décomposer sous forme additive les nombres de 17 à 19. Mémoriser les tables d'addition correspondantes.
Calcul mental : S'entraîner sur les tables d'addition de 2 et de 3.
Photofiches : Parcours **A** et **B** p. 46

1 2+1 **Calcule** l'addition des 2 troupeaux de moutons.

.... + ... = ...

2 2+1 **Calcule** les additions.

.... + ... = ...

.... + ... = ...

3 **Colorie** l'addition sur la règle à calculer et 2+1 **calcule** l'addition.

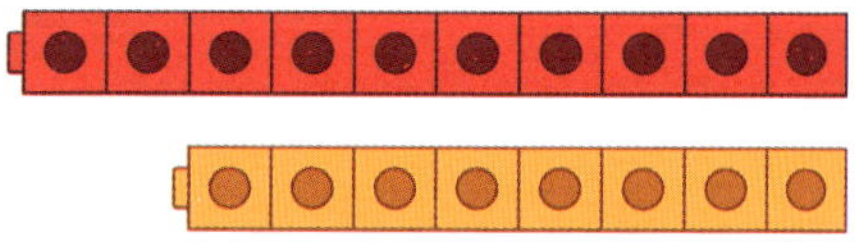

1	2	3	4	5	6	7	8	9	10	11	12	13	14	15	16	17	18	19	20

.... + ... = ...

4 **Complète** les additions.

9 + ... = 17

9 + ... = 18

10 + ... = 19

.... + 10 = 18

.... + 10 = 17

.... + 9 = 19

123 **Écris** les nombres manquants.

15	.....	13	.....	11	.....	9	.....	7	.....

48 Les doubles des nombres jusqu'à 10

Compétence : Connaître les doubles des nombres ≤ 10.
Calcul mental : Soustraire sur des petits nombres.
Photofiches : Parcours **A** p. 47 – Parcours **B** p. 48

1 Lola, Samia et Noé jouent aux doubles avec les dés.

2+1 **Calcule** les doubles obtenus.

double de Lola : 6 + ... = ...

double de Samia : 4 + ... = ...

double de Noé : 5 + ... = ...

2 **Colorie** la règle à calculer et 2+1 **calcule**.

1	2	3	4	5	6	7	8	9	10	11	12	13	14	15	16	17	18	19	20

3 + ... = ...

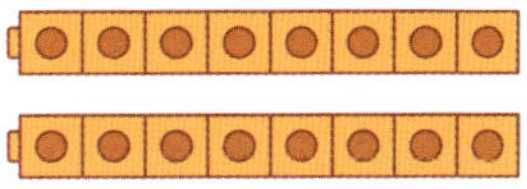

1	2	3	4	5	6	7	8	9	10	11	12	13	14	15	16	17	18	19	20

8 + ... = ...

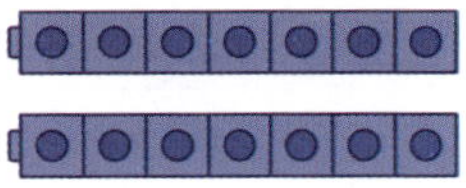

1	2	3	4	5	6	7	8	9	10	11	12	13	14	15	16	17	18	19	20

7 + ... = ...

3 2+1 **Calcule** les doubles.

double de 2 : .... + ... = ...

double de 4 : .... + ... = ...

double de 6 : .... + ... = ...

double de 8 : .... + ... = ...

4 123 **Écris** le résultat sans calculer.

double de 3 : ....

double de 5 : ....

double de 7 : ....

double de 9 : ....

Litchi avance de 3 + 2 cases.
Colorie sa case d'arrivée.

1	2	3	4	5	6	7	8	9	10

49 Les moitiés des nombres jusqu'à 20

Compétences : Découvrir et connaître les moitiés des nombres ≤ 20.
Calcul mental : Résoudre des problèmes soustractifs simples.
Photofiches : Parcours **A** p. 47 – Parcours **B** p. 48

1 Lola et Noé prennent chacun la moitié des 16 bonbons.
Entoure les paquets de chacun.

Complète.

 .... 

.... est la moitié de 16.

2 **Dessine** les points sur les deux dés identiques pour obtenir le total demandé.

total = 10

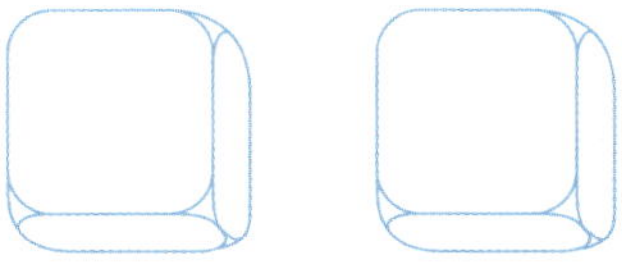

.... est la moitié de 10.

total = 12

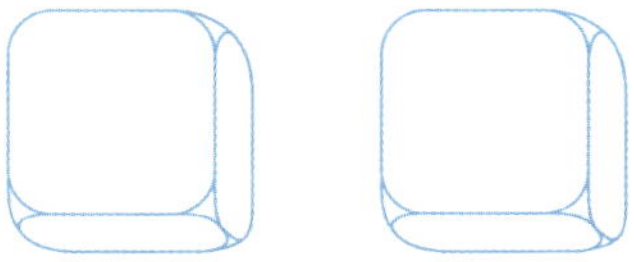

.... est la moitié de 12.

3 **Entoure** les deux barres identiques pour faire 18.
Colorie la règle à calculer.

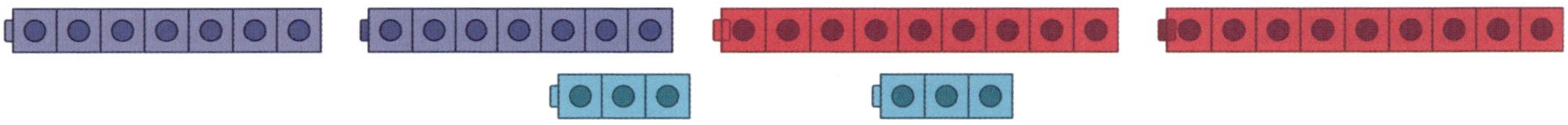

1	2	3	4	5	6	7	8	9	10	11	12	13	14	15	16	17	18	19	20

.... est la moitié de 18.

4 Noé dit qu'il n'est pas possible de trouver la moitié de 17.

Fais tes essais. Tu peux dessiner.

Entoure la bonne réponse.

C'est possible.

Ce n'est pas possible.

50 Comparaison des nombres de 0 à 19

Compétences : Comparer, intercaler et ordonner des nombres de 0 à 19 en utilisant le signe < ou > et les expressions « plus que, moins que, plus grand que, plus petit que ».
Calcul mental : Nommer et écrire les doubles des nombres de 2 à 5.
Photofiches : Parcours **A** p. 49 – Parcours **B** p. 50

1 123 **Écris** le nombre d'enfants et le nombre de ballons.
Complète avec < ou >.

....

Complète la phrase avec *plus* ou *moins*.

Il y a .... de ballons que d'enfants.

2 123 **Écris** les nombres et **complète** avec **<** ou **>**.

....

19

....

3 **Complète** avec < ou >.

12 19

18 14

19 18

4 123 **Écris** le nombre qui est **entre**.

16 18

18 20

17 19

5 **Range** les nombres du plus petit au plus grand.

15 – 19 – 16 – 18 – 17

Colorie la case qui correspond au résultat de 10 + 8.

10	11	12	13	14	15	16	17	18	19	20

51 Les nombres de 20 à 29

....	....	....	....	....

Compétences : Dénombrer des collections de 20 à 29 éléments en utilisant les groupements en dizaines. Associer les noms des nombres à leur écriture chiffrée, dont la décomposition additive.
Calcul mental : Nommer et écrire les doubles des nombres de 5 à 10.
Photofiches : Parcours **A** et **B** p. 51

1 Combien y a-t-il de lutins ?

Entoure par 10, **complète** et 2+1 **calcule** l'addition.

10 + ... + ... = ...

Entoure l'écriture en lettres du nombre.

vingt et un   vingt-deux   vingt-trois   vingt-quatre   vingt-cinq

2 **Entoure** les groupes de 10 **unités** et **échange** contre des **barres-dizaines**.

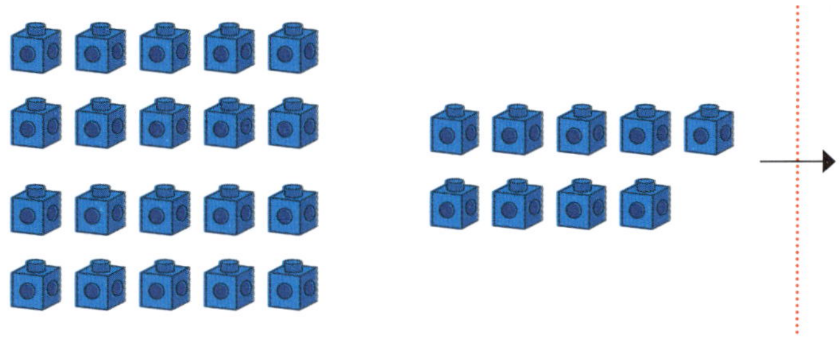

123 **Écris** le nombre.

En chiffres : ....   En lettres : ....

3 **Relie** les différentes écritures d'un même nombre.

20 + 8 •	• 21 •	• vingt-huit
20 + 1 •	• 27 •	• vingt et un
20 + 4 •	• 28 •	• vingt-sept
20 + 7 •	• 24 •	• vingt-quatre

123 **Écris** la suite des nombres.

18	19	.....	.....	.....	.....	.....	.....	.....	.....	.....	.....

52 Calcul en ligne : regrouper les nombres pour faciliter le calcul

....

Compétences : Découvrir et utiliser une procédure de calcul en ligne : associer les nombres d'une somme de plus de deux termes pour faciliter le calcul.
Calcul mental : Trouver le nombre pensé.
Photofiches : Parcours **A** et **B** p. 51

1 Lola, Noé et Teddy ont des ballons. **Complète** l'addition.

.... + ... + ...

Lola et Teddy mettent leurs ballons en commun.
2+1 **Calcule** le nombre total de ballons.

.... + ... + ...

.... + ... = ...

2 **Colorie** les barres sur la règle à calculer en regroupant 2 barres pour faire 10.
Complète l'addition.

2 + 5 + 8

1	2	3	4	5	6	7	8	9	10	11	12	13	14	15	16	17	18	19	20

..... + ... + ... = ...

3 2+1 **Calcule** les additions en regroupant pour faire 10.

6 + 3 + 4

6 + ... + 3

.... + ... = ...

5 + 6 + 5

5 + ... + ...

.... + ... = ...

53 Les alignements (2)

Compétences : Utiliser la règle pour repérer ou vérifier un alignement. Réaliser un alignement.
Calcul mental : Trouver la valeur d'une transformation.
Photofiches : Parcours **A** et **B** p. 51

1 Utilise la règle pour vérifier si les étoiles **vertes** sont alignées avec la fusée **verte**.
Colorie en **rouge** les étoiles alignées avec la fusée **rouge**.

2 **Dessine** 5 triangles alignés sur la ligne **bleue**.

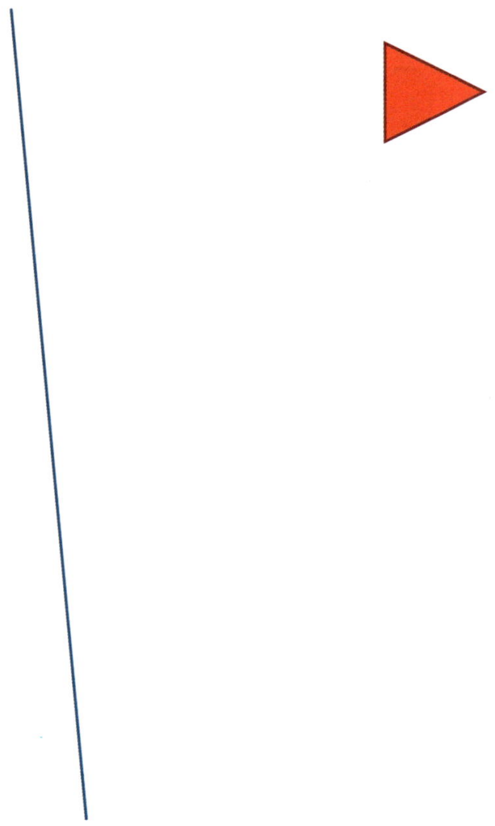

3 **Trace** des droites avec des points alignés de même couleur.

54 Comparaison des nombres de 0 à 29

Compétences : Comparer et ranger les nombres de 0 à 29.
Calcul mental : Nommer et écrire les moitiés des nombres pairs ≤ 20.
Photofiches : Parcours **A** et **B** p. 54

1 Les poules pondent un œuf par jour. Toutes les poules ont-elles pondu ?

123 **Écris** le nombre de poules et le nombre d'œufs.

....

....

Compare le nombre de poules et le nombre d'œufs avec **<** ou **>**.

nombre de poules .... nombre d'œufs

Entoure la phrase exacte.

Toutes les poules ont pondu. Toutes les poules n'ont pas pondu.

2 123 **Compare** les deux nombres avec **<** ou **>**.

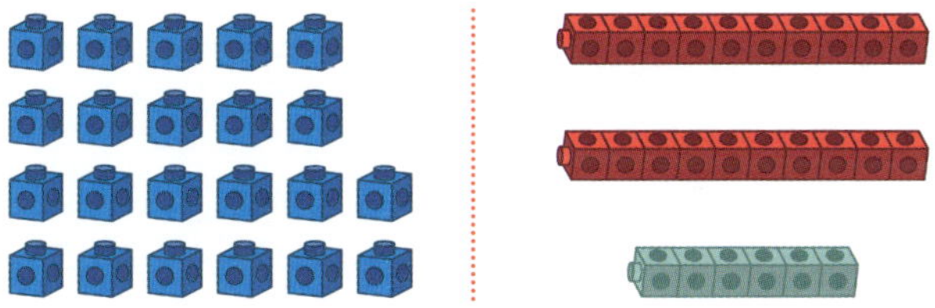

....

3 123 **Compare** les deux nombres avec **<** ou **>**.

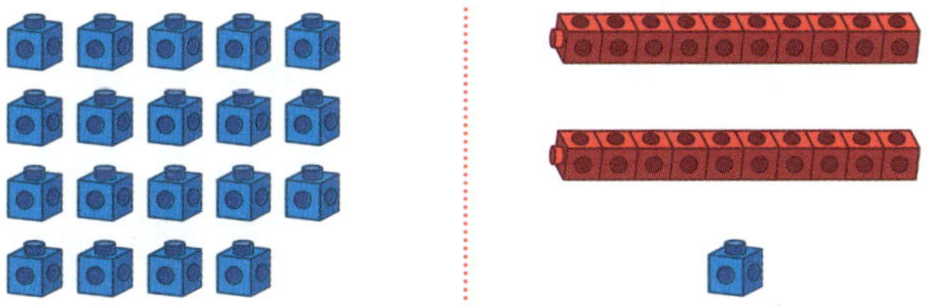

....

4 **Range** les nombres dans l'ordre croissant.

23 27 21 29 25

....

5 123 **Compare** les nombres avec **<** ou **>**.

26 24
29 16
27 28

13 21
24 19
16 22

123 **Écris** la suite des nombres.

17	16	15	.....	.....	.....	.....	.....	.....	.....	.....	.....	.....	.....

55 Problèmes : des énoncés sous formes différentes (1)

Compétence : Résoudre des problèmes du champ additif à l'aide de schémas ou d'écritures mathématiques.
Calcul mental : Nommer et écrire les moitiés des nombres pairs ≤ 20.
Photofiches : Parcours **A** p. 55 – Parcours **B** p. 56

1 Noé et Lola mettent leurs poissons dans le même aquarium.
Combien en ont-ils en tout ?

123 **Écris** et 2+1 **calcule** l'opération.

.... = ...

123 **Écris** la réponse à la question.

Noé et Lola ont .... poissons en tout.

2 Lola et Noé mettent leurs jetons en commun.
Combien en ont-ils en tout ?

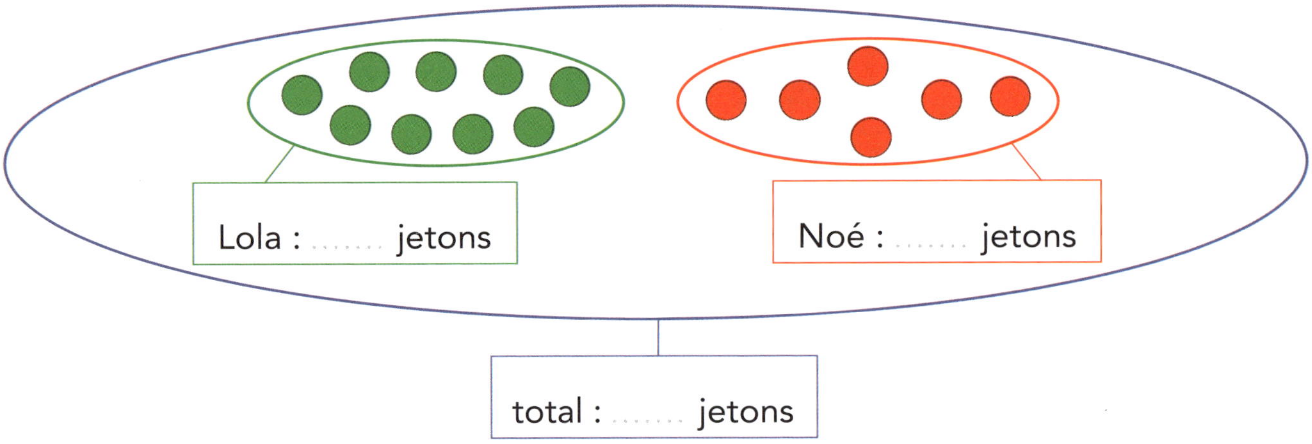

123 **Écris** et 2+1 **calcule** l'opération.

.... = ...

123 **Écris** la réponse à la question.

Lola et Noé ont .... jetons en tout.

56 Problèmes : des énoncés sous formes différentes (2)

Compétence : Résoudre des problèmes du champ additif à l'aide de dessins, de tableaux ou d'écritures mathématiques.
Calcul mental : S'entraîner sur les compléments et les décompositions de 10.
Photofiches : Parcours **A** p. 55 – Parcours **B** p. 56

1 Lola et Noé offrent des fleurs à leur maîtresse.

• Combien la maîtresse va-t-elle avoir de fleurs **rouges** ?

123 **Écris** et 2+1 **calcule** l'opération. .... = ...

• Combien la maîtresse va-t-elle avoir de fleurs **bleues** ?

123 **Écris** et 2+1 **calcule** l'opération. .... = ...

123 **Écris** la réponse aux questions.

La maîtresse va avoir .... fleurs rouges et .... fleurs bleues.

2 Léo et Jade offrent aussi des fleurs à la maîtresse.

2+1 **Calcule** le nombre de fleurs **orange**, puis le nombre de fleurs **roses**.

Complète le tableau.

	Léo 	Jade 	Total
Fleurs orange 	9	7	....
Fleurs roses 	8	9	....

123 **Écris** la réponse.

La maîtresse va avoir .... fleurs orange et .... fleurs roses.

57 Les nombres jusqu'à 59

....	....	....	....	....

Compétences : Dénombrer des collections de 30 à 59 éléments en utilisant les groupements en dizaines.
Connaître et associer entre elles diverses représentations des nombres de 30 à 59.
Calcul mental : S'entraîner sur les tables d'addition de 2 et de 3.
Photofiches : Parcours **A** et **B** p. 57

1 Il y a 4 équipes dans la course. La dernière équipe n'est pas complète.
Entoure les groupes de 10 cyclistes.

Colorie la case du nombre de cyclistes écrit en lettres.

trente et un	trente-deux	trente-trois	trente-quatre	trente-cinq

2 **Entoure** les groupes de 10 boutons et **complète**.

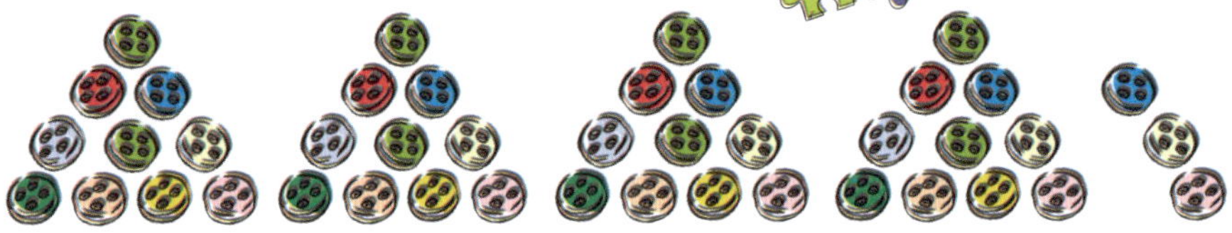

.... dizaines et .... unités → quarante-.................. → ....

3 **Écris** le nombre en chiffres dans le tableau, puis en lettres.

→

dizaines	unités
....	....

C'est le nombre ....

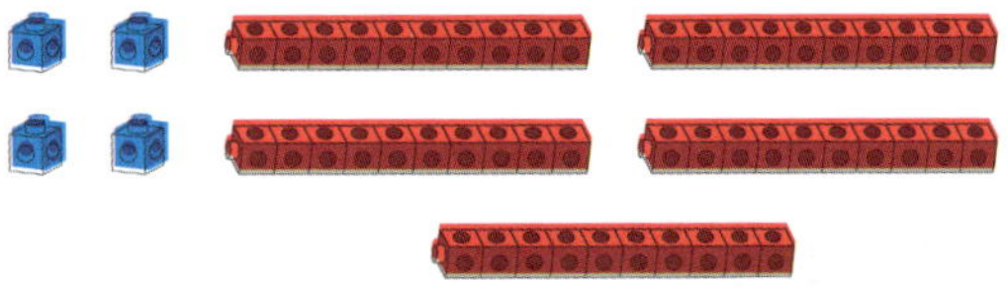

→

dizaines	unités
....	....

C'est le nombre ....

4 **Complète** les additions.

30 + ... = ...

.... + ... = ...

5 **Complète** les écritures du même nombre.

- cinquante et .... → 51 → 50 + ...
- ....-neuf → 49 → 40 + ...

58 Comparaison des nombres jusqu'à 59

Compétence : Comparer des nombres de 0 à 59 en utilisant les signes < ou > et les expressions « le plus, le moins ».
Calcul mental : Trouver le nombre pensé.
Photofiches : Parcours **A** et **B** p. 58

......	......	......	......	......

1 Lola achète le plus cher des deux équipements.

Entoure celui qu'elle va choisir.

Entoure la phrase exacte.

L'équipement le plus cher est celui où il faut le plus de billets de 10 €.

L'équipement le plus cher est celui où il faut le plus de pièces de 1 €.

123 **Écris** la comparaison avec les prix des deux équipements.

.... euros > .... euros

2 **Barre** la proposition fausse et abc **compare** les nombres avec **<** ou **>**.

Le nombre le plus petit est celui qui a : le moins d'unités le moins de dizaines.

 et 

....

3 abc **Compare** les nombres avec **<** ou **>**.

3 dizaines 7 unités .... 4 dizaines 8 unités

5 d 8 u .... 4 d 1 u

54 49

32 41

28 39

41 59

123 **Écris** les nombres sur la bande numérique.

44	45	46	.....	.....	.....	.....	.....	.....	.....	.....	.....	.....	.....	.....	59

59 Les mots pour comparer

Compétence : Distinguer le lexique de comparaison adapté à des grandeurs.
Calcul mental : Associer les termes d'une somme de trois nombres à un chiffre pour faciliter le calcul.
Photofiches : Parcours **A** p. 142 – Parcours **B** p. 143

1 **Complète** les phrases avec *plus*, *moins* ou *autant*.

Il y a .... de cerceaux que de ballons.

Il y a .... de crayons que de stylos.

Il y a .... de filles que de garçons.

2 **Complète** avec *aussi longue que*, *moins longue que* ou *plus longue que*.

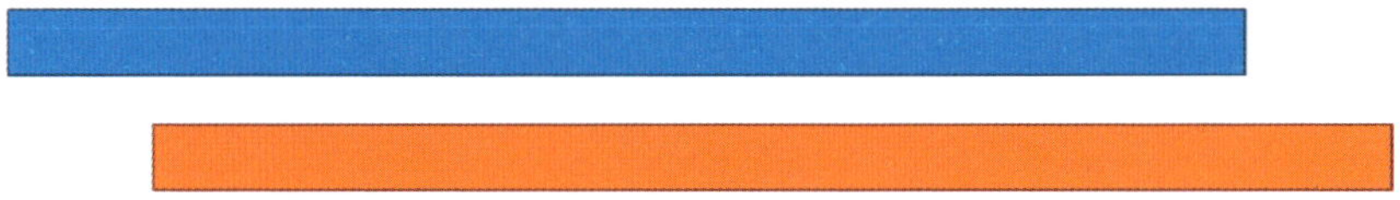

- La bande orange est .... la bande bleue.

- La bande rouge est .... la bande verte.
- La bande verte est .... la bande rouge.

3 **Complète** avec *plus grand que*, *plus petit que* ou *égal à*.

- 12 est .... 9.
- 16 est .... 19.
- 10 + 5 est .... 15.
- 10 + 3 est .... 10 + 6.

60 Révisions (4)

Calcul mental

....	....	....	....	....	....

1 123 **Écris** les nombres dans le tableau, puis abc **écris**-les en lettres.

→

dizaines	unités
....	....

→ C'est le nombre ....

→

dizaines	unités
....	....

→ C'est le nombre ....

2 123 **Écris** les nombres en chiffres ou en lettres.

vingt et un : ....

trente-huit : ....

quarante-cinq : ....

44 : ....

23 : ....

32 : ....

3 **Complète** avec **<** ou **>**.

23 ...... 32 | 32 18

43 ...... 41 | 44 25

4 **Range** les nombres du plus petit au plus grand.

48 – 43 – 27 – 19 – 35

...... < ...... < ...... < ...... < ......

Range les nombres du plus grand au plus petit.

40 – 31 – 42 – 27 – 12

...... < ...... < ...... < ...... < ......

5 2+1 **Calcule** l'addition en regroupant pour faire 10.

8 + 5 + 2

8 + ... + ...

.... + ... = ...

6 **Trace** une droite passant par 3 points alignés.

7 123 **Écris** les nombres.

- 4 est le double de ....
- 20 est le double de ....
- 9 est la moitié de ....
- 8 est la moitié de ....

61 Le sens de la soustraction (3)

Compétence : Renforcer le sens de la soustraction.
Calcul mental : S'entraîner sur la table d'addition de 4 dont le résultat est ≤ 10.
Photofiches : Parcours **A** p. 59 – Parcours **B** p. 60

....

1 Lola lance la boule. Elle fait tomber 4 quilles.
Combien de quilles restent debout ?
~~Met~~ **Barre** les quilles tombées.

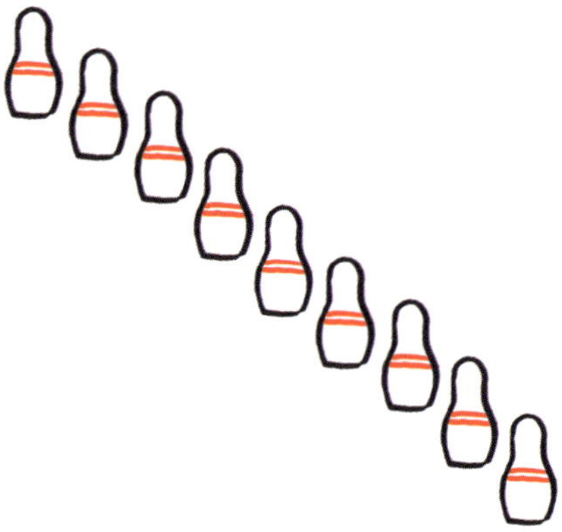

Complète la soustraction et la réponse.

quilles au départ		quilles tombées		quilles restant debout
....	–	....	=	....

.... *quilles restent debout.*

2 Il y a 16 pions au total dans le jeu de petits chevaux. Lola en a déjà rangé 7.
Noé range le reste.
Combien Noé doit-il ranger de pions ?
Complète la soustraction et la réponse.

....	–	....	=	....
pions au total		pions rangés par Lola		pions à ranger par Noé

Noé doit ranger .... *pions.*

Litchi recule de 5 cases.
Colorie sa case d'arrivée.

9	10	11	12	13	14	15	16	17	18	19

62 Le sens de la soustraction (4)

Compétences : Renforcer le sens de la soustraction.
Modéliser à l'aide de schémas et d'écritures mathématiques.
Calcul mental : Identifier le nombre manquant dans une liste énoncée.
Photofiches : Parcours **A** p. 59 – Parcours **B** p. 60

1 Lola joue sur la bande numérique.
Elle fait 9 avec ses dés. Elle pose son pion sur la case 17.

Sur quelle case était-elle au départ ? 2+1 **Calcule** de 2 manières différentes.

case de départ .... + nombre des dés .... = case d'arrivée ....

case d'arrivée .... – nombre des dés .... = case de départ ....

abc **Écris** la réponse.

Lola était sur la case ....

2 Le pion de Noé est sur la case 7. Combien doit-il faire avec les dés pour tomber sur la case 15 ?

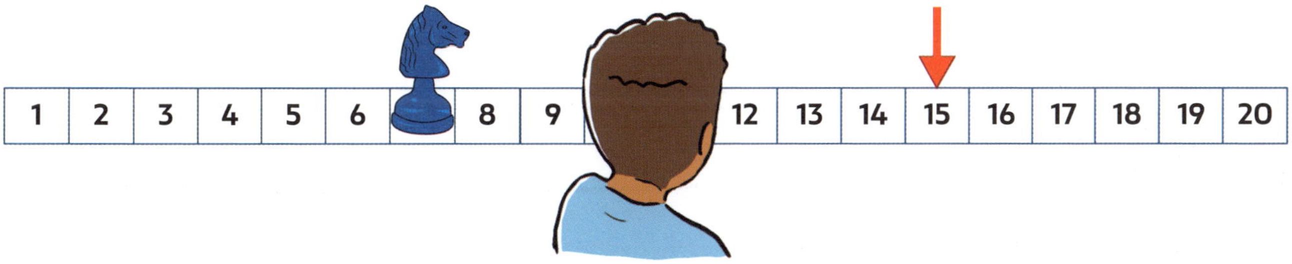

2+1 **Calcule** de 2 manières différentes.

case de départ .... + nombre des dés .... = case d'arrivée ....

case d'arrivée .... – nombre des dés .... = case de départ ....

abc **Écris** la réponse.

Noé doit faire .... avec ses dés.

Complète.

– .....

1	2	3	4	5	6	7	8	9	10	11	12	13	14	15	16

63 Les déplacements dans la cour de l'école (1)

Compétences : Représenter sur un plan d'école un itinéraire effectué. Suivre un itinéraire réalisé.
Calcul mental : Énoncer le nombre qui suit et/ou qui précède un nombre donné ≤ 59.
Photofiches : Parcours **A** et **B** p. 63

1 **Observe** le parcours réalisé par Noé dans la cour de l'école, depuis son arrivée jusqu'à son entrée en classe.

Numérote chaque dessin dans l'ordre du parcours de Noé.

2

Trace le parcours de Lola sur le plan de la cour.

n° 1 n° 2 n° 3 n° 4 n° 5 n° 6 n° 7 n° 8

64 Le carré, le rectangle, le triangle et le cercle

Compétence : Reconnaître les figures géométriques usuelles : carré, rectangle, triangle, cercle.
Calcul mental : S'entraîner sur les compléments et les décompositions de 10.
Photofiches : Parcours **A** et **B** p. 62

1 **Colorie** l'intérieur des figures géométriques : les **carrés** en **bleu**, les **rectangles** en **vert**, les **triangles** en **rouge** et les **cercles** en **jaune**.

2 **Colorie** l'intérieur des figures géométriques : les **carrés** en **bleu**, les **rectangles** en **vert**, les **triangles** en **rouge** et les **cercles** en **jaune**.

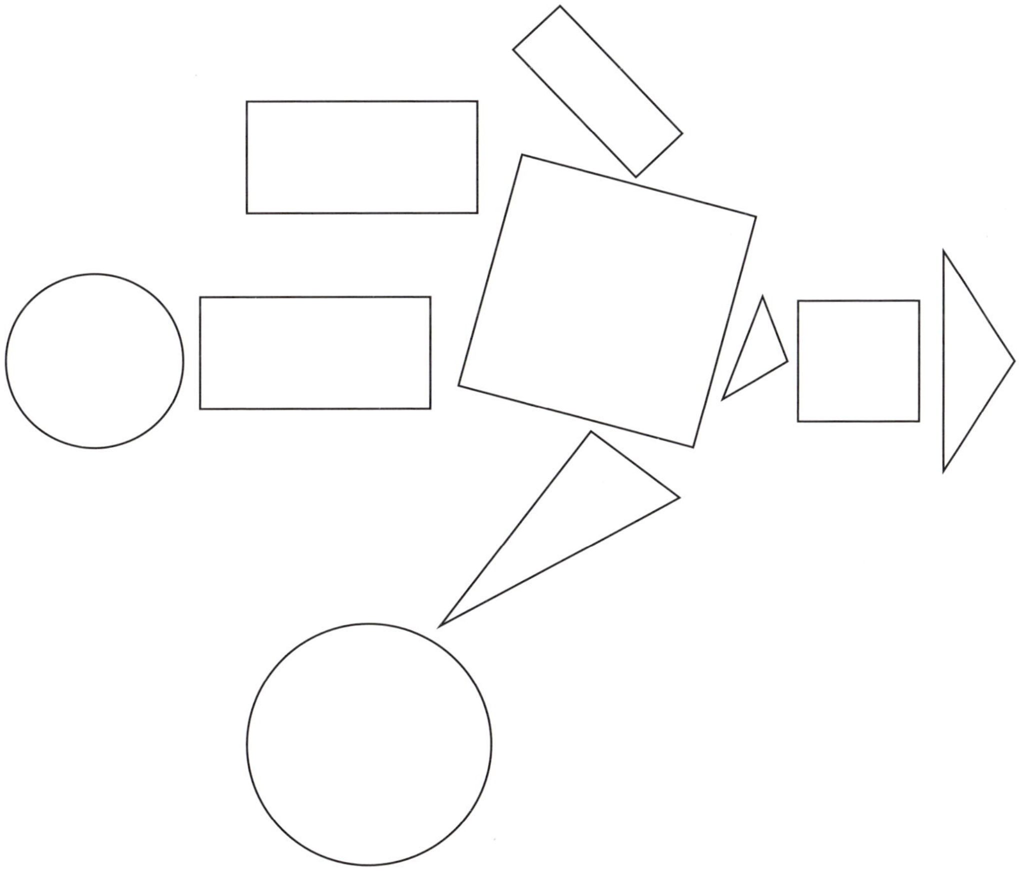

65 Découverte de la monnaie : l'euro

Compétences : Identifier les espèces de grandeurs : les prix. Connaître l'unité usuelle : l'euro. Estimer le prix d'un objet.
Calcul mental : Résoudre des problèmes additifs et soustractifs simples.
Photofiches : Parcours **A** p. 63 – Parcours **B** p. 64

1 **Relie** avec ta règle chaque objet à son prix en euros.

2 euros | 1 euro | 10 euros | 5 euros

2 **Écris** la somme en euros.

...... €

...... €

...... €

3 **Dessine** les pièces ou les billets nécessaires pour acheter le robot.

4 **Dessine** les pièces pour obtenir la même valeur que chaque billet.

66 Utilisation de l'euro

Compétences : Utiliser la monnaie pour comparer des prix et rendre la monnaie. Utiliser le lexique spécifique associé aux prix : plus cher, moins cher, rendre la monnaie.
Calcul mental : Associer les termes d'une somme de 3 nombres à 1 chiffre pour faciliter le calcul.
Photofiches : Parcours **A** p. 63 – Parcours **B** p. 64

1 **Entoure** VRAI ou FAUX.

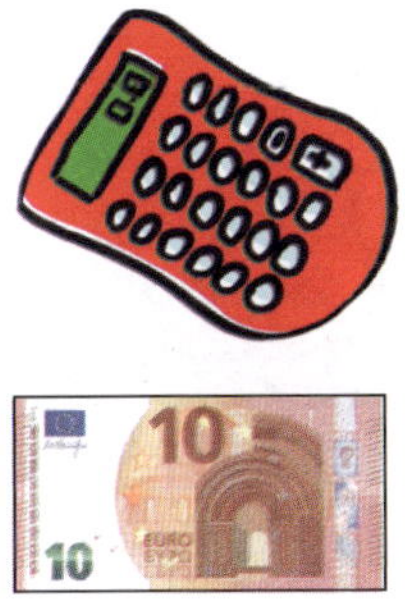

La paire de ciseaux est **plus chère** que le stylo.	VRAI	FAUX
Le stylo est **moins cher** que la calculatrice.	VRAI	FAUX
La calculatrice est **moins chère** que le stylo.	VRAI	FAUX

2 **Entoure** les pièces et/ou les billets que Noé doit utiliser pour acheter ce camion.

16 €

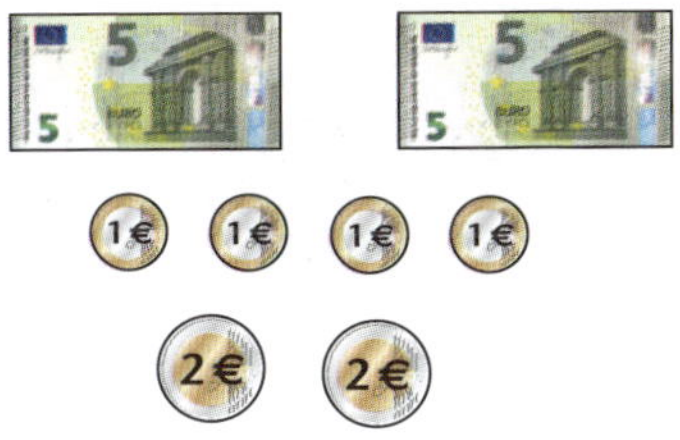

3 **Dessine** les pièces que le poissonnier rend à Stéphane.

4 **Calcule** la monnaie rendue à Mélanie lorsqu'elle paie ses courses au magasin.

Fais tes essais.

Complète la phrase réponse.

On lui rend ....

67 Le nombre ordinal (1)

Compétences : Repérer un rang dans une liste. Faire le lien entre le rang et le nombre d'éléments qui le précèdent.
Calcul mental : Décomposer l'un des termes d'une somme pour calculer plus facilement.
Photofiches : Parcours **A** p. 65 – Parcours **B** p. 66

1 **Colorie** le maillot des coureurs sur le podium.

2 **Entoure** le chien qui est entre le 3e et le 5e chien.

3 **Dessine** les objets à leur place.

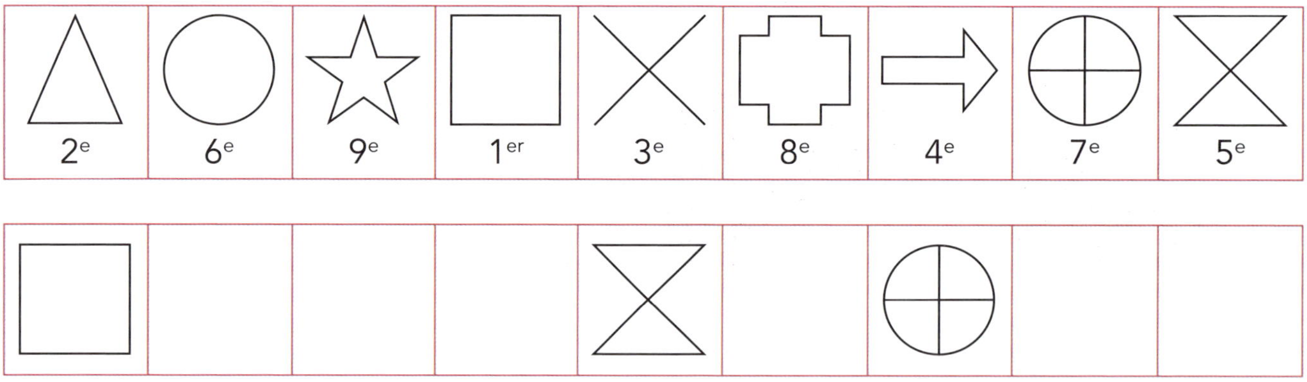

4 Quelle est la place des voyelles dans l'alphabet ? **Écris.**

A : 1re place E : .... I : .... O : .... U : ....

Colorie la case correspondant au résultat de 20 + 6.

20	21	22	23	24	25	26	27	28	29

68 Le nombre ordinal (2)

Compétences : Repérer une position dans une liste.
Faire le lien entre la position et le nombre d'éléments qui la précèdent.
Calcul mental : Calculer la somme d'un nombre à 2 chiffres et d'un nombre à 1 chiffre sans retenue.
Photofiches : Parcours **A** p. 65 – Parcours **B** p. 66

....

1 **Complète** la phrase.

Le facteur a distribué le courrier à .... maisons avant d'arriver à la 8e.

2 Les numéros de cirque se succèdent pendant le spectacle.
Réponds aux questions.

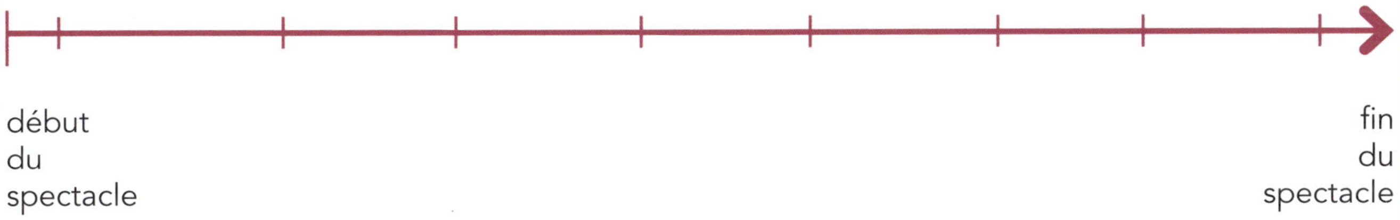

En quelle position le jongleur passe-t-il dans le spectacle ? ....

Combien de numéros de cirque doivent passer avant lui ? ....

3 Noé est arrivé 16e de la course. Combien de coureurs sont arrivés avant lui ?

Complète.

Il y a .... coureurs arrivés avant Noé.

69 Problème à étapes (1)

....

Compétences : Résoudre un problème du champ additif à deux étapes. Comprendre le problème posé. Établir une stratégie de résolution en s'appuyant sur un dessin ou un schéma.
Calcul mental : Identifier le rang d'un élément dans une liste donnée.
Photofiches : Parcours **A** p. 67 – Parcours **B** p. 68

Noé veut acheter un avion et un hélicoptère miniatures. Il a 20 € dans sa tirelire. Combien d'argent lui manque-t-il pour acheter les deux jouets ?

15 €

12 €

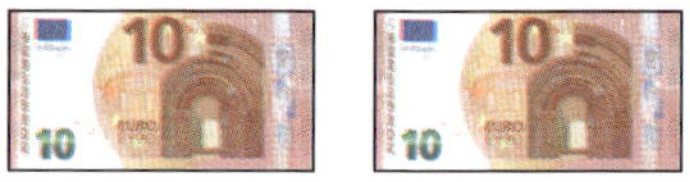

- **1re étape : Combien coûtent les deux jouets ensemble ?**

Écris l'opération.

.... = ...

Complète la phrase réponse du 1er problème.

Les deux jouets coûtent ....

- **2nde étape : Combien d'argent manque-t-il à Noé pour acheter les deux jouets ?**

Complète le schéma.

coût des deux jouets : .... €

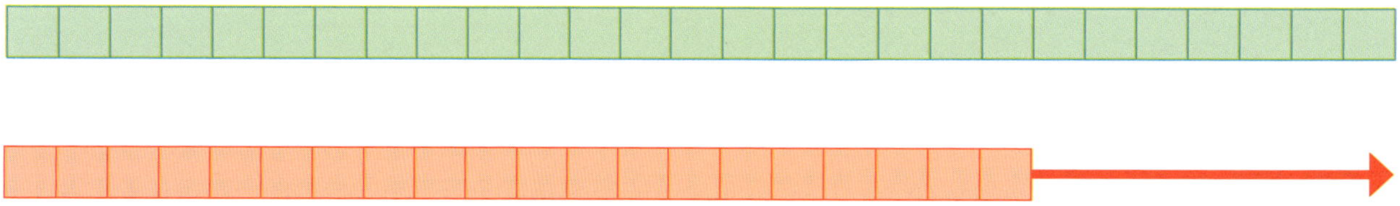

argent dans la tirelire : .... €

ce qui manque à Noé

Écris l'opération.

.... = ...

Complète la phrase réponse.

Il manque .... € à Noé pour acheter les deux jouets.

70 Calcul en ligne : additionner 2 nombres à 2 chiffres

Compétences : Calculer en ligne. Décomposer additivement les termes pour calculer plus facilement.
Calcul mental : Faire le lien entre le rang d'un élément dans une liste et le nombre d'éléments qui le précèdent.
Photofiches : Parcours **A** et **B** p. 69

1 Alex et Inès veulent mettre tous leurs moutons ensemble.
2+1 **Calcule** le nombre total de moutons.

 13 + 14 

moutons blancs …… + moutons marron …… + moutons blancs …… + moutons marron ……

tous les moutons blancs …… + …… + tous les moutons marron …… + ……

tous les moutons blancs …… + tous les moutons marron …… = total ……

2 2+1 **Calcule** les additions.

14 + 15

10 + …… + …… + 5

…… + …… + …… + ……

…… + …… = ……

16 + 12

…… + …… + …… + ……

…… + …… + …… + ……

…… + …… = ……

Colorie la 9e case.

71 Problèmes du champ multiplicatif (1)

Compétence : Résoudre des problèmes du champ multiplicatif.
Calcul mental : Nommer et écrire les doubles des nombres ≤ 10.
Photofiches : Parcours **A** et **B** p. 70

1 Ce matin, Noé a apporté 3 paquets de madeleines contenant **chacun** 12 madeleines.

1er problème : Combien y a-t-il de madeleines au total ?

Complète en coloriant la bande numérique.

Nombre total de madeleines

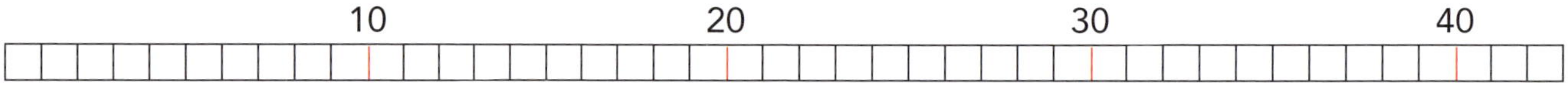

Complète la phrase réponse.

Il y a .... madeleines au total.

2nd problème : Les 26 élèves auront-ils chacun une madeleine ?

Complète la comparaison avec le signe **<** ou **>**.

.... nombre de madeleines .... nombre d'élèves ....

Entoure la bonne réponse.

Chaque élève aura / n'aura pas une madeleine.

2 Lola, Noé, Samia et Teddy ont chacun 5 billes.

Combien de billes ont-ils à eux quatre, au total ?

Fais un schéma pour bien comprendre le problème.

Écris et **calcule** l'opération.

....

Écris la phrase réponse.

....

72 Problèmes du champ multiplicatif (2)

Compétence : Résoudre des problèmes du champ multiplicatif en mobilisant les connaissances du champ additif ou en manipulant.
Calcul mental : Nommer et écrire les moitiés des nombres pairs ≤ 20.
Photofiches : Parcours **A** et **B** p. 71

1 Lola, Noé et Samia se partagent 12 billes à parts égales.
Combien chacun en aura-t-il ?
Utilise le dessin des billes pour faire le partage.

123 **Écris** l'opération.

.... + ... + ... = 12

abc **Écris** la phrase réponse.

....

2 Mamie a donné 5 € à chacune de ses 5 petites-filles.
Combien a-t-elle donné d'argent en tout ?
Complète le dessin pour que chaque enfant ait son billet de 5 €.

123 **Écris** ton opération et 2+1 **calcule**.

....

abc **Écris** la phrase réponse.

....

73 L'addition posée sans retenue (1)

Compétence : Calculer des additions en colonnes de 2 nombres à 2 chiffres sans retenue.
Calcul mental : Additionner 2 nombres à 2 chiffres sans retenue.
Photofiches : Parcours **A** p. 72 – Parcours **B** p. 73

1 Lola et Noé additionnent leurs sucettes.
Complète l'addition posée en colonnes.

	paquets de 10	sucettes seules	
	3	4	
	1	5	
Total des paquets	....	....	Total des sucettes seules

34 + 15 = ...

2 10 billes valent 1 calot. **Complète** le tableau et 2+1 **calcule** l'addition posée en colonnes.

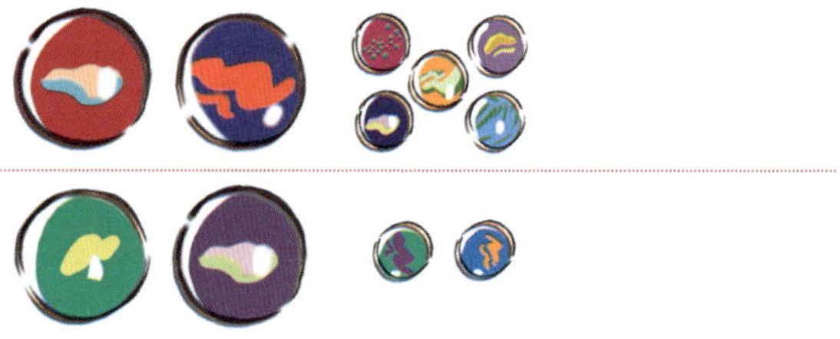

	calots	billes
	....	....
+	....	....
Total	....	....

.... + ... = ...

3 **Complète** le tableau et 2+1 **calcule** l'addition posée en colonnes.

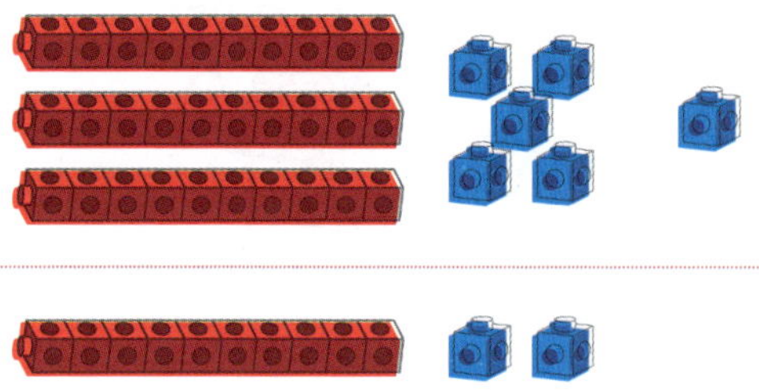

	dizaines	unités
	....	....
+	....	....
Total	....	....

.... + ... = ...

Colorie la case correspondant à 15 – 5.

1	2	3	4	5	6	7	8	9	10	11	12	13	14	15

74 L'addition posée sans retenue (2)

Compétence : Calculer des additions en colonnes de 2 ou 3 nombres sans retenue.
Calcul mental : Résoudre des problèmes additifs simples sur la monnaie.
Photofiches : Parcours **A** p. 72 – Parcours **B** p. 73

1 Calcule les additions.

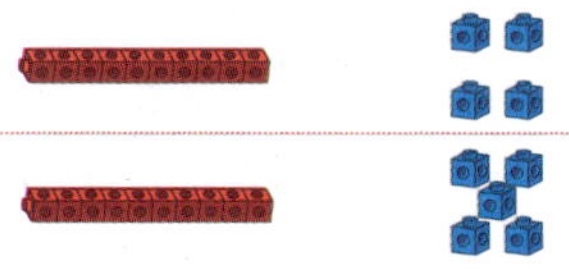

	dizaines	unités
+		
Total		

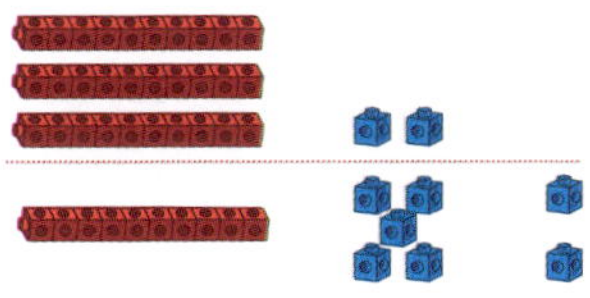

	dizaines	unités
+		
Total		

2 Calcule les additions de 3 nombres.

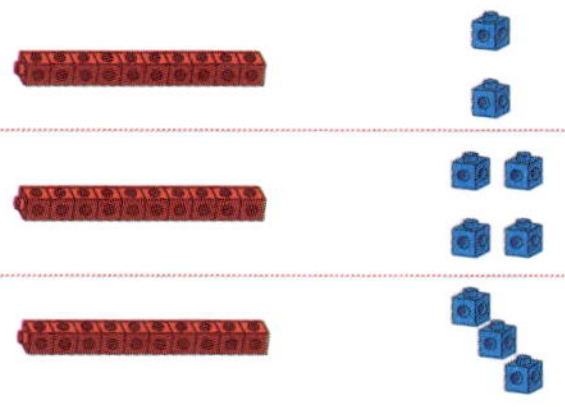

	dizaines	unités
+		
+		
Total		

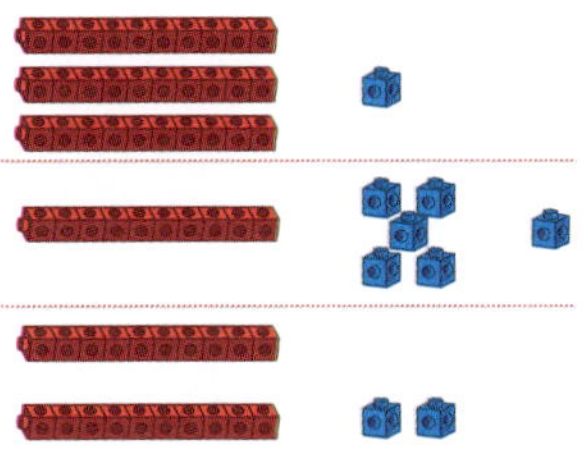

	dizaines	unités
+		
+		
Total		

3 Calcule les additions.

	dizaines	unités
	2	4
+	1	3
Total		

26 + 12

	dizaines	unités
+		
Total		

23 + 14 + 31

	dizaines	unités
+		
+		
Total		

4 Calcule les additions.

	d	u
	2	1
+	1	6
	.	.

	d	u
	3	2
+	1	4
+	1	3
	.	.

5 Écris en colonnes et calcule.

23 + 25

	.	.
+	.	.
	.	.

24 + 32 + 13

	.	.
+	.	.
+	.	.
	.	.

75 Problèmes pour apprendre à chercher (3)

Compétence : S'engager dans une démarche de résolution de problème en émettant des hypothèses, en les testant, en essayant plusieurs pistes, en exposant sa démarche de recherche.
Calcul mental : S'entraîner sur la table d'addition de 4.

....

1 Pour le dessert, Mamie propose 4 parfums de glace :
vanille – fraise – chocolat – mangue.
Elle a des cornets à 2 boules.
Cherche tous les cornets différents que Mamie peut faire.

Fais tes essais.

Complète la réponse.

Mamie peut faire .... cornets différents.

2 Dans quel dessin les sucettes représentent-elles exactement la moitié des bonbons ?
Entoure-le.

76 Révisions (5)

Calcul mental

....	....	....	....	....	....

1 **Dessine** le moins de billets et de pièces possible pour acheter la peluche.

2 **Colorie** le 6e coureur et **complète**.

...... coureurs sont arrivés avant lui.

3 2+1 **Calcul** l'addition.

15 + 13

10 + ... + ... + 3

.... + ... + ... + ...

.... + ... = ...

4 Litchi fait 6 avec les dés et arrive sur la case 12.
Sur quelle case était-il au départ ?

3	4	5	6	7	8	9	10	11	♞	13	14

.... – .... = ...

5 2+1 **Calcule** l'addition.

	dizaines	unités
	3	5
+	2	4
	....	....

6 123 **Écris** l'addition en colonnes et 2+1 **calcule**.

23 + 25

	.	.
+	.	.
	.	.

7 **Colorie** les carrés en vert, les rectangles en rouge, les triangles en violet et les cercles en bleu.

77 Les nombres de 50 à 69

Compétences : Dénombrer une collection en utilisant les groupements par 10. Connaître et associer les diverses représentations d'un nombre. Connaître la valeur d'un chiffre en fonction de sa position dans le nombre.
Calcul mental : Trouver la valeur d'une transformation.
Photofiches : Parcours **A** et **B** p. 74

1 Lola a préparé les bougies d'anniversaire pour son papy. Une bougie par année.
Entoure les bougies par 10 pour les compter.

Il y a .... dizaines de bougies et .... bougies seules.

Entoure l'âge du papy de Lola.

quarante-trois ans — cinquante-trois ans — soixante-trois ans

2 **Écris** le nombre en chiffres, puis en lettres.

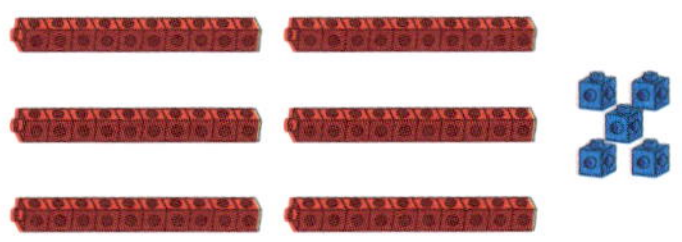

d	u
....	....

..........................-cinq

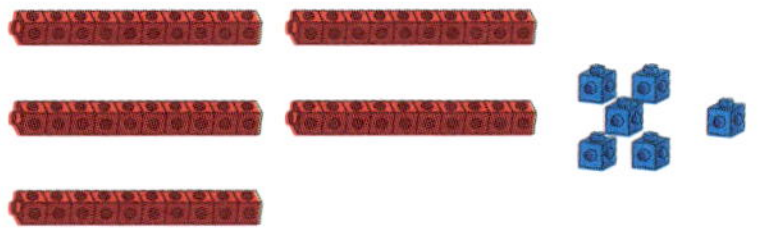

d	u
....	....

..........................-..........................

3 **Entoure** la position exacte des bougies pour chaque âge.

soixante-quatre ans — cinquante-six ans — soixante-trois ans

4 **Relie** le nombre en chiffres et son écriture en lettres.

20 •	• quarante
30 •	• cinquante
40 •	• vingt
50 •	• soixante
60 •	• trente

5 **Écris** le nombre en chiffres ou en lettres.

54	....
....	soixante-trois
....	cinquante-six
65	....
....	soixante-huit

78 Le nombre 70

Compétences : Dénombrer une collection en utilisant les groupements par 10 ; connaître et associer les diverses représentations d'un nombre.
Calcul mental : S'entraîner sur les tables d'addition de 2 à 4.
Photofiches : Parcours **A** et **B** p. 75

…… …… …… …… ……

1 Lola veut connaître le nombre de pièces de son puzzle.
Pour l'aider, **entoure** les pièces par 10 et **complète**.

…… dizaines

Lola a ……… dizaines de pièces. Elle a donc ……… pièces de puzzles.

2 Lola ne trouve pas de mot nouveau pour désigner ce nombre avec 7 dizaines.
Noé lui dit : « C'est facile ! Tu utilises les mots que tu connais déjà ! »
Complète.

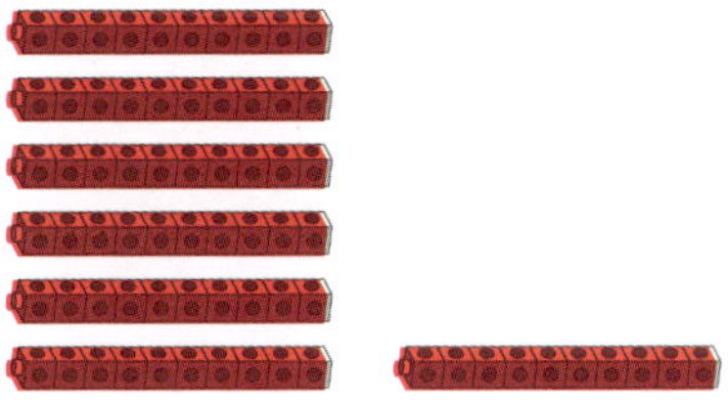

60 et 10

…… + …… = ……

soixante + dix = soixante-dix

3 **Relie** les écritures différentes des mêmes nombres.

dix •	• 20 •	• 4 dizaines
vingt •	• 40 •	• 7 dizaines
trente •	• 60 •	• 2 dizaines
quarante •	• 50 •	• 5 dizaines
cinquante •	• 70 •	• 1 dizaine
soixante •	• 10 •	• 3 dizaines
soixante-dix •	• 30 •	• 6 dizaines

79 Le calendrier : les mois, les semaines et les jours

Compétence : Repérer les durées : date, jours, semaine et mois.
Calcul mental : Additionner 2 nombres à 2 chiffres sans retenue.
Photofiches : Parcours **A** et **B** p. 76

Observe le calendrier du mois de mai 2020.

Lundi	Mardi	Mercredi	Jeudi	Vendredi	Samedi	Dimanche
				1	2	3
4	5	6	7	8	9	10
11	12	13	14	15	16	17
18	19	20	21	22	23	24
25	26	27	28	29	30	31

1 **Écris** la date de chaque événement.

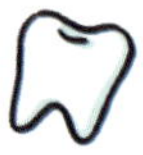 aller chez le dentiste ....

 offrir du muguet ....

 fêter l'anniversaire de Lola ....

2 **Barre** les activités qui ne sont pas dans la semaine indiquée.

- du lundi 11 au dimanche 17 mai 
- du lundi 18 au dimanche 24 mai 

3 **Réponds** aux questions.

Combien y a-t-il de jours dans une semaine ? ....

Combien y a-t-il de jours du lundi 4 au matin au dimanche 10 au soir ? ....

Combien y a-t-il de jours entre le mardi 19 au matin et le vendredi 22 au soir ? ....

80 Calcul en ligne : soustraire un nombre à 1 chiffre à un nombre à 2 chiffres

Compétences : Découvrir et utiliser une procédure de calcul pour soustraire en ligne.
Calcul mental : S'entraîner sur les doubles des dizaines entières : 10, 20 et 30.
Photofiches : Parcours **A** et **B** p. 77

....

1 Le marchand a 36 magnets. Il en vend 5 à Lola.
Combien de magnets lui reste-t-il ?
Barre les magnets vendus et **complète**.

3 dizaines et 6 unités – 5 unités = 3 dizaines et ...... unité

Il reste .... magnets au marchand.

2 **Barre** les unités à retirer et 2+1 **calcule** la soustraction en ligne.

49 – 6
4 dizaines et 9 unités – 6 unités
= 4 d 9 u – 6 u = • •
49 – 6 = ...

38 – 4
3 dizaines et 8 unités – 4 unités
= 3 d 8 u – 4 u = • •
38 – 4 = ...

3 2+1 **Calcule** les soustractions en ligne en commençant par les unités.

29 – 7
...... dizaines et ...... unités – ...... unités
= ...... dizaines et ...... unités
= ......

48 – 4
...... dizaines et ...... unités – ...... unités
= ...... dizaines et ...... unités
= ......

Litchi a avancé de 6 cases.
Colorie sa case de départ.

55	56	57	58	59	60	61	62	63	64	65	66	67	68	69

81 Le carré et le rectangle

Compétences : Identifier un carré ou un rectangle en fonction des mesures de ses côtés. Donner leur longueur en « unité étalon » (1 unité = 1 espace).
Calcul mental : Soustraire un nombre à 1 chiffre à un nombre à 2 chiffres sans franchissement de la dizaine.
Photofiches : Parcours **A** p. 78 – Parcours **B** p. 79

1 Pour mesurer les côtés du carré, Noé compte le nombre d'espaces entre 2 clous.

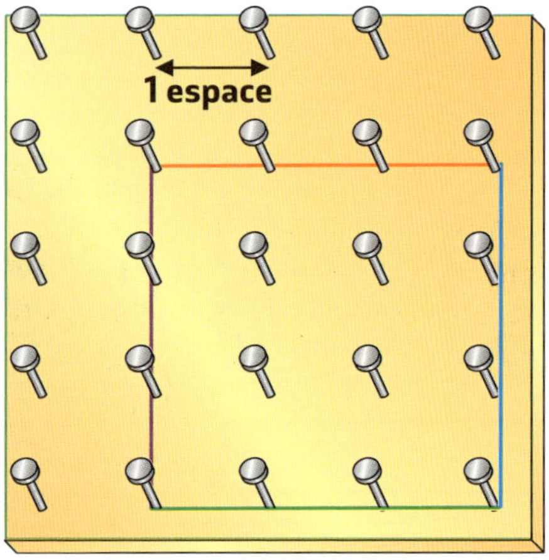

• 123 **Écris** les mesures du carré.

côté orange = ... espaces

côté bleu = ... espaces

côté violet = ... espaces

côté vert = ... espaces

• **Entoure** la bonne phrase.

Les 4 côtés du carré n'ont pas la même mesure.

Les 4 côtés du carré ont la même mesure.

2 **Mesure** les côtés du rectangle.

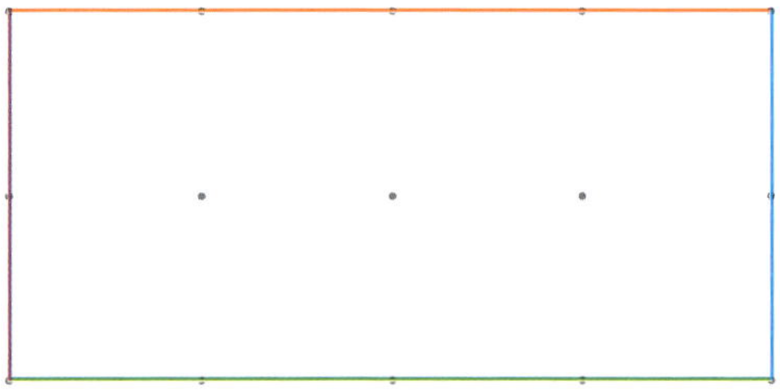

• 123 **Écris** les mesures du rectangle.

côté orange = ... espaces

côté bleu = ... espaces

côté violet = ... espaces

côté vert = ... espaces

• Quels côtés ont la même mesure ? **Complète** avec les couleurs des côtés.

Les côtés .... et ....

Les côtés .... et ....

3 **Retrouve** la figure décrite.

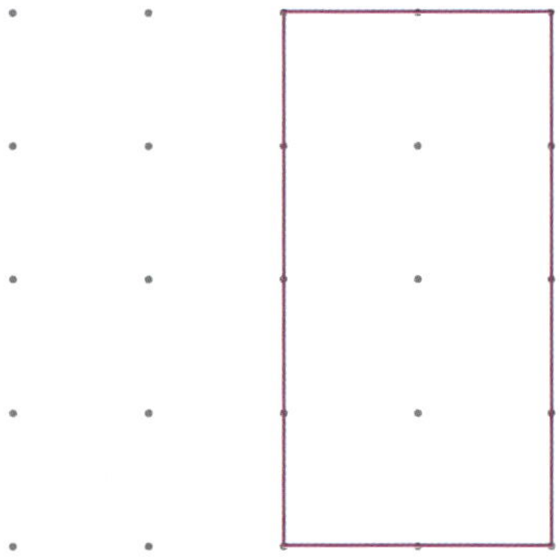

figure A

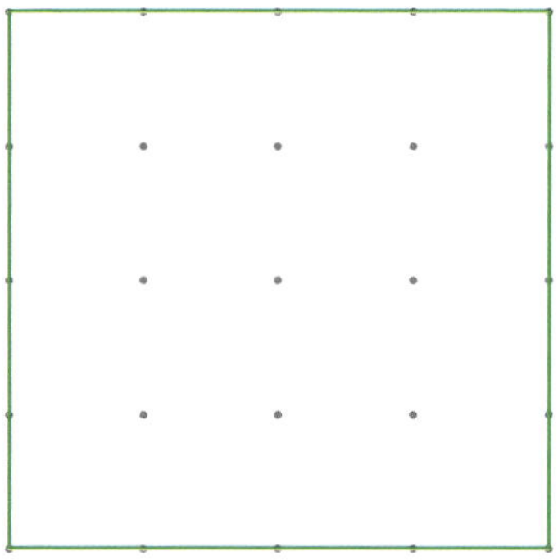

figure B

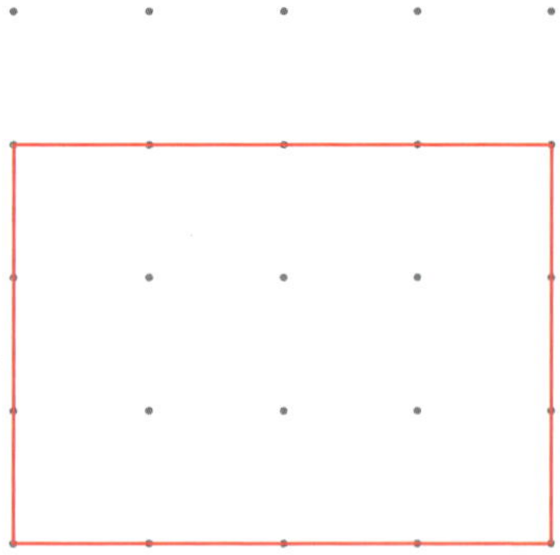

figure C

• J'ai 4 côtés mesurant chacun 4 espaces. Je suis ....

• J'ai 4 côtés. Mes 2 grands côtés opposés mesurent 4 espaces et mes 2 petits côtés mesurent 2 espaces. Je suis ....

82 Le carré, le rectangle et le triangle sur papier quadrillé

Compétences : Reproduire un carré, un rectangle et un triangle sur papier quadrillé. Donner une première description de ces figures.
Calcul mental : Décomposer des nombres ≤ 70 en dizaines et unités.
Photofiches : Parcours **A** p. 78 – Parcours **B** p. 79

1 **Reproduis** le même carré.

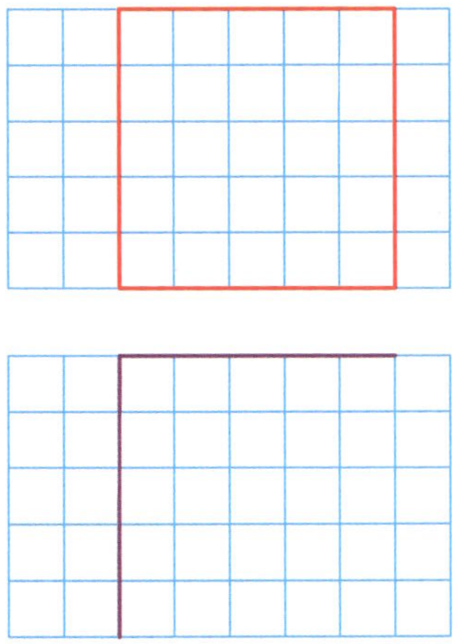

Complète la phrase.

Le carré a .... côtés.

2 **Reproduis** le même rectangle.

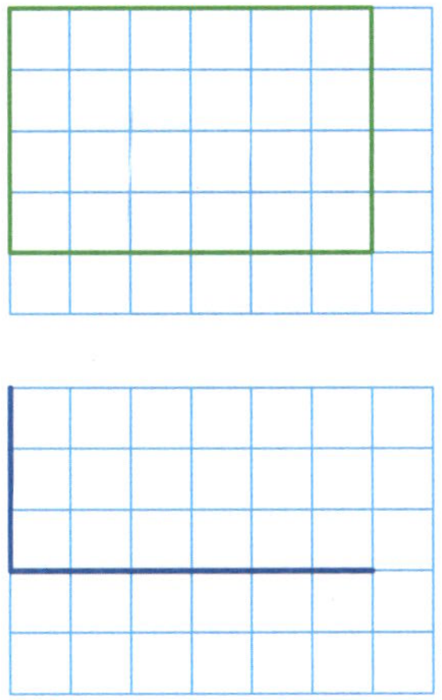

Complète la phrase.

Le rectangle a .... côtés.

3 **Reproduis** le même triangle.

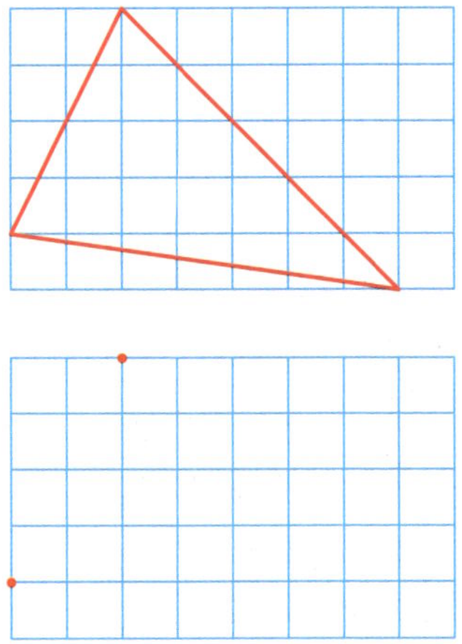

Complète la phrase.

Le triangle a .... côtés.

4 **Trace** les rectangles et les triangles pour reproduire la frise. **Colorie** la frise.

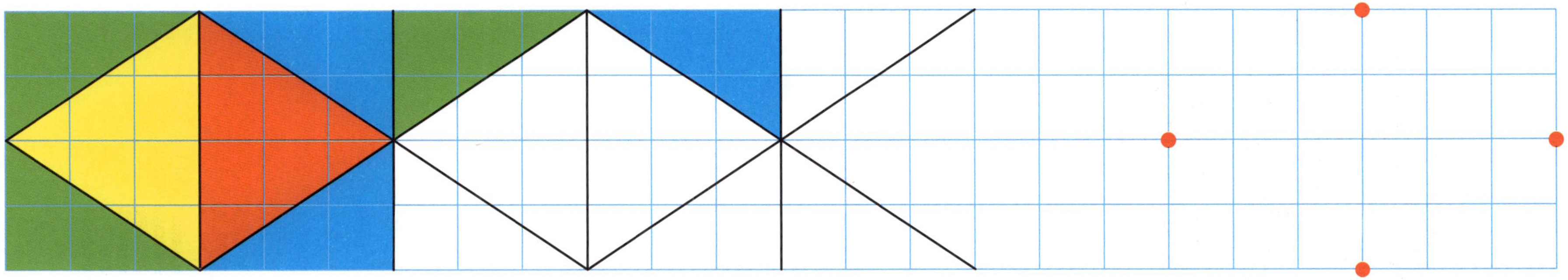

83 Les nombres de 70 à 79

Compétence : Dénombrer des collections de 70 à 79 en mettant en lien les désignations orale et écrite des nombres.
Calcul mental : Calculer la somme d'un nombre à 2 chiffres et d'un nombre à 1 chiffre sans retenue.
Photofiches : Parcours **A** et **B** p. 80

....

1 Tous les élèves de CP se sont dessinés pour faire une affiche.
Entoure par dizaines pour avoir le nombre total d'élèves et **complète**.

...... dizaines → ......

→ ......

...... + ... = ...

soixante + ... = ...-quatorze

2 **Complète.**

71

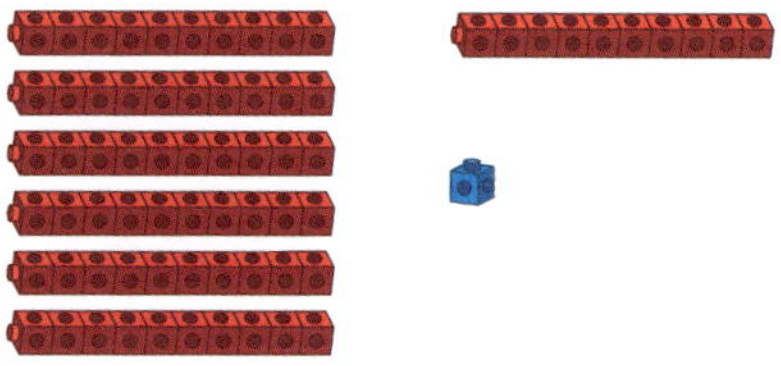

...... + ...

soixante et ......

72

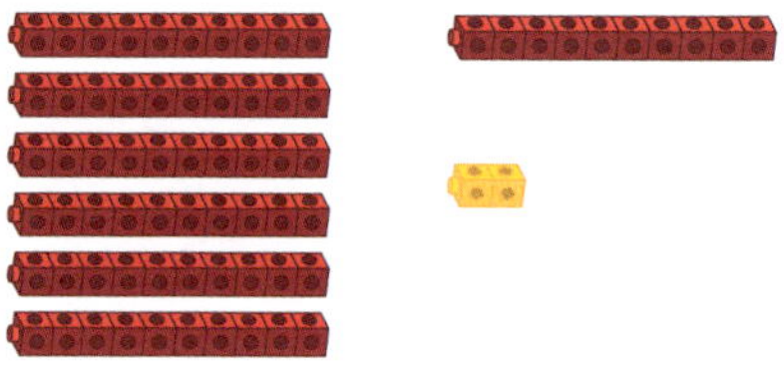

...... + ...

......-douze

73

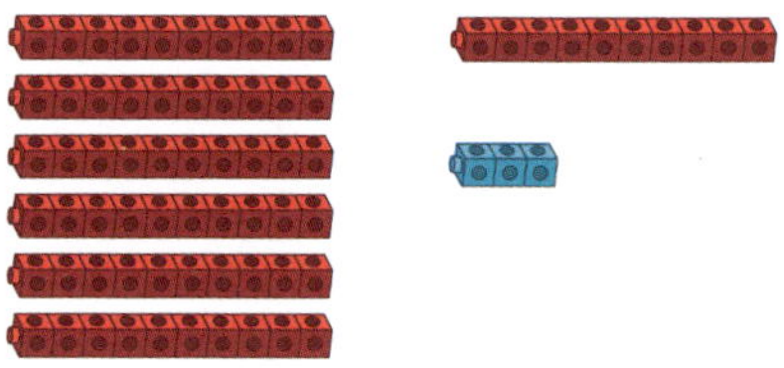

...... + ...

......-......

3 **Complète.**

74

60 + ...

......-quatorze

75

...... + ...

soixante-......

76

...... + ...

......-......

4 **Complète.**

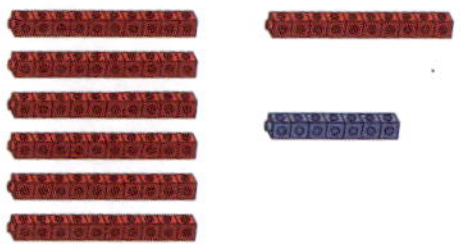

...... + 17

......-dix-......

78 : soixante-......-......

79 : ......-......-neuf

84 Comparaison des nombres de 0 à 79

Compétences : Comparer et ordonner les nombres de 0 à 79.
Calcul mental : S'entraîner sur la table d'addition de 5 dont le résultat est ≤ 10.
Photofiches : Parcours **A** et **B** p. 81

1 Lola et Noé ont fait des colliers de perles.
123 **Compare** le nombre total de perles de chacun.

.... < ou > ....

Entoure la phrase exacte.

Le nombre le plus grand est celui a le plus de perles seules.

Le nombre le plus grand est celui qui la plus de colliers.

2 **Dessine** le second nombre avec des barres-dizaines et des cubes-unités, puis 123 **compare**.

soixante-dix-neuf | soixante-treize

.... < ou > ....

Complète avec les mots *unités* ou *dizaines*.

Les deux nombres ont autant de ....

Le nombre le plus grand est celui qui a le plus d'... .

3 **Complète** avec **<** ou **>**.

73	......	39	78	......	75	68	......	71
42	......	71	71	......	77	74	......	69

4 123 **Écris** les numéros des ballons dans l'ordre du plus petit au plus grand.

67 – 69 – 72 – 64 – 76 – 59

85 La règle graduée : le centimètre

Compétences : Découvrir la règle graduée et l'unité : le cm. Mesurer avec une règle graduée. Ordonner des bandes selon leur longueur en cm.
Calcul mental : Soustraire un nombre à 1 chiffre à un nombre à 2 chiffres sans franchissement de la dizaine.
Photofiches : Parcours **A** p. 82 – Parcours **B** p. 83

1 **Mesure** la longueur des bandes de couleur de la page matériel 6.

Utilise la règle graduée en cm du matériel.
123 **Écris** la mesure de chaque bande de couleur en centimètres (cm) et **colle**-la.

bande bleue .... cm

bande verte .... cm

bande jaune .... cm

2 **Mesure** ces bandes avec ta règle graduée. **Fais bien attention à la position du 0 !**

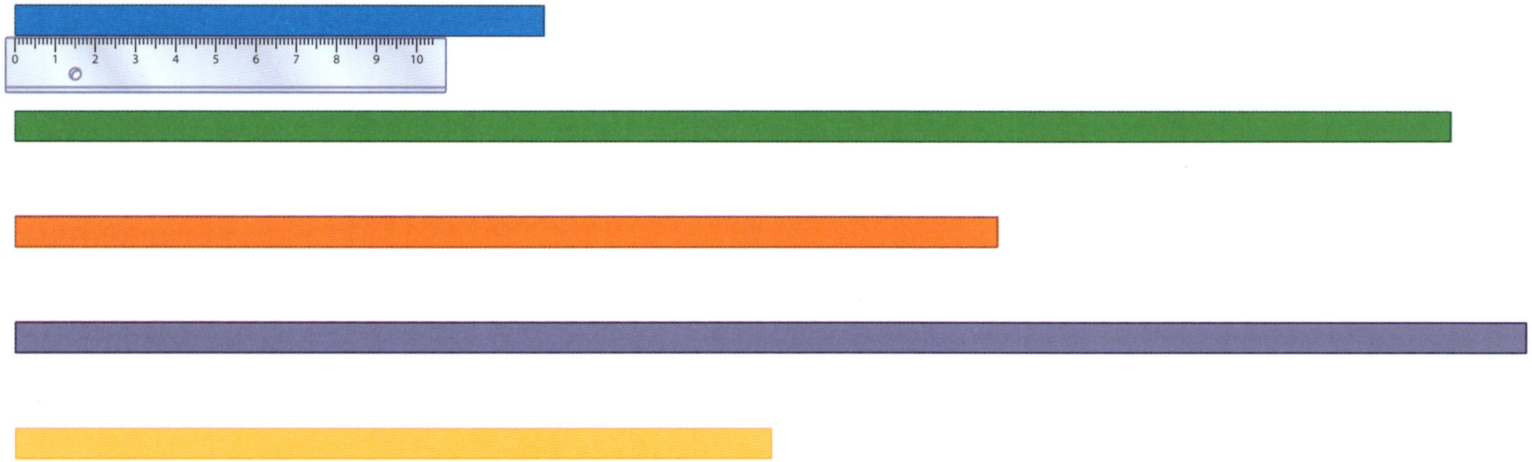

.... cm
.... cm
.... cm
.... cm
.... cm

123 **Écris** les noms des bandes de la plus courte à la plus longue.

bande .... bande .... bande .... bande .... bande ....

86 Mesure et tracé de segments (1)

Compétences : Mesurer un segment en cm. Tracer un segment de longueur donnée en cm.
Calcul mental : S'entraîner sur la table d'addition de 5.
Photofiches : Parcours **A** p. 82 – Parcours **B** p. 83

1 **Mesure** les segments en centimètres avec ta règle graduée.
Écris les résultats dans le tableau.

segment rouge	.... cm
segment bleu	.... cm
segment vert	.... cm
segment violet	.... cm

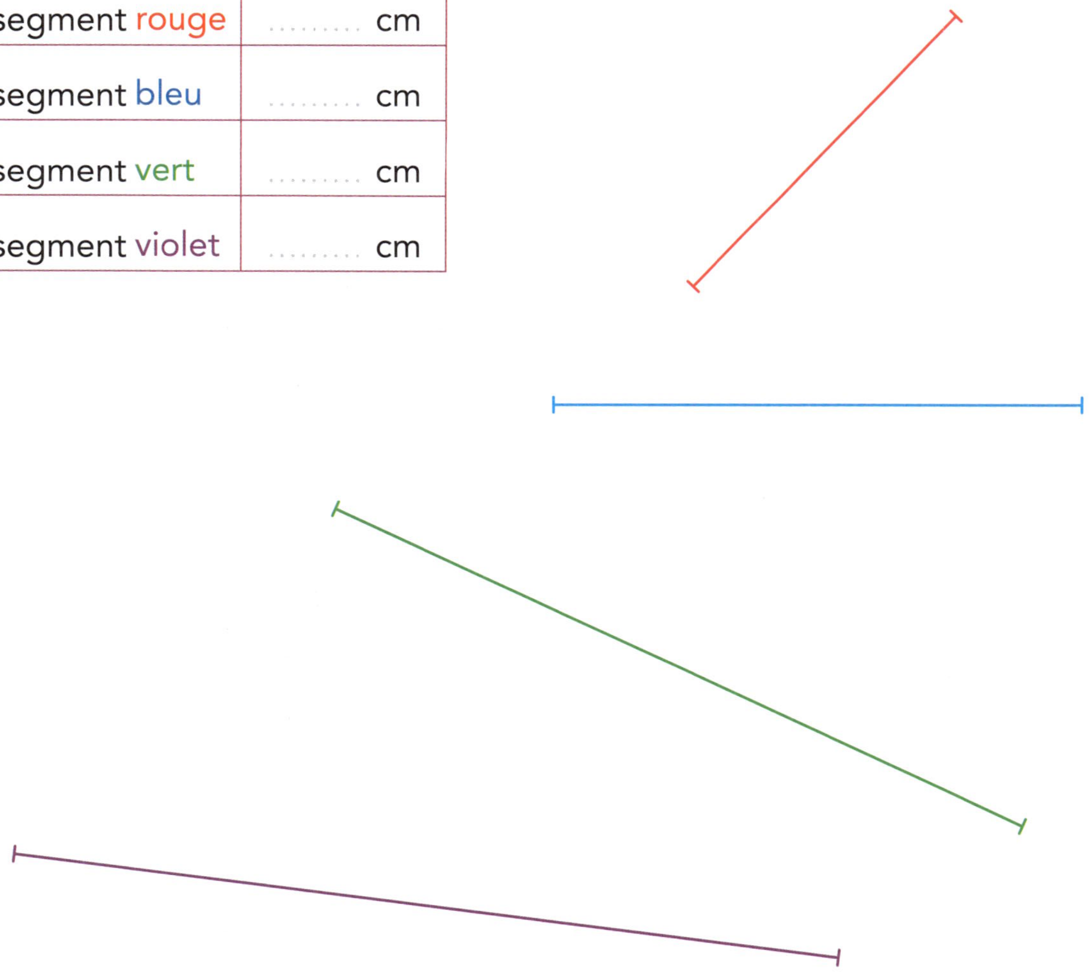

Compare la longueur des segments avec **<** ou **>**.

segment rouge .... segment bleu | segment violet .... segment vert

2 **Trace** un segment de 8 cm.

3 **Mesure** les 4 côtés du rectangle.

côté rouge	.... cm
côté vert	.... cm
côté bleu	.... cm
côté noir	.... cm

87 Problèmes sur la monnaie (1)

Compétence : Résoudre des problèmes à une étape impliquant des prix.
Calcul mental : Résoudre des problèmes soustractifs simples sur la monnaie.
Photofiches : Parcours **A** p. 84 – Parcours **B** p. 85

1 Noé veut **acheter** deux articles qu'il a vus en magasin.
Le skate **vaut** 24 **€**. Les protections de genoux et de coudes **coûtent** 15 €.
Quelle **somme** Noé doit-il avoir pour faire ces **achats** ?

Complète le schéma.

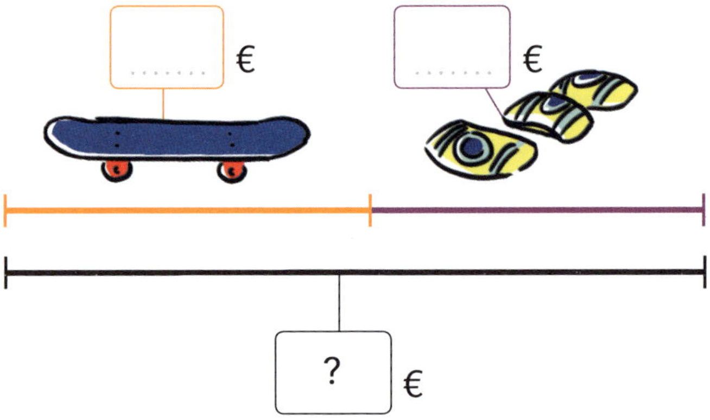

123 **Écris** l'opération.

.... = ...

abc **Écris** la réponse.

Noé doit avoir .... € pour faire ces achats.

2 Lola avait 58 **€** dans sa **tirelire**. Elle a **acheté** un diabolo à 27 €.
Combien d'**argent** reste-t-il à Lola après cette **dépense** ?

Complète le schéma.

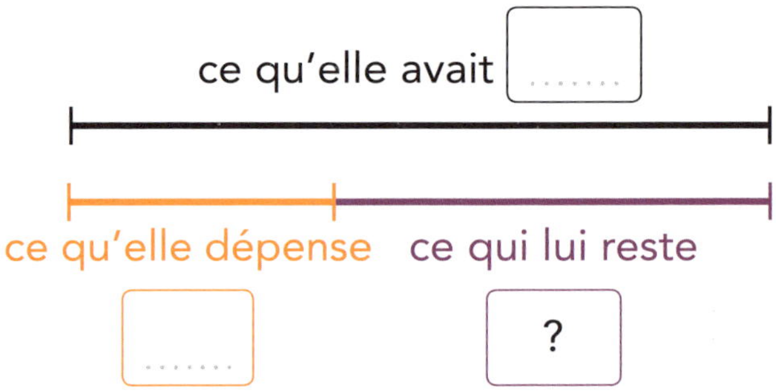

123 **Écris** l'opération.

.... = ...

abc **Écris** la réponse.

Il reste .... à .... après cette dépense.

88 Problèmes sur la monnaie (2)

....

Compétence : Résoudre un problème à deux étapes impliquant la monnaie.
Calcul mental : Découvrir le nombre pensé.
Photofiches : Parcours **A** p. 84 – Parcours **B** p. 85

Noé a 48 **€** dans sa **tirelire**. Son papy lui donne 10 €.
Il s'**achète** un dinosaure à 6 €.
Combien d'**argent** Noé a-t-il après cet achat ?

1re étape : Quelle somme Noé a-t-il avec l'argent donné par son papy ?

Entoure la bonne phrase.

Noé a plus d'argent. Noé a moins d'argent.

Complète le schéma.

argent de Noé au départ .... argent de Papy ....

argent total disponible ?

Écris la réponse.

Noé a .... avec l'argent donné par son papy.

2nde étape : Combien d'argent Noé a-t-il après cet achat ?

Entoure la bonne phrase.

Noé a plus d'argent. Noé a moins d'argent.

Complète le schéma.

l'argent disponible ....

la dépense .... ce qui lui reste ?

Écris la réponse.

Noé a .... après cet achat.

89 Les mots pour lire et écrire les nombres : les dizaines

Compétences : Lire et écrire les dizaines en chiffres et en lettres.
Calcul mental : Faire le lien entre le rang d'un élément dans une liste et le nombre d'éléments qui le précèdent.

....

1 123 **Écris** en chiffres le nombre écrit sous chaque produit.

trente

quarante

dix

vingt

soixante

cinquante

2 **Relie** le nombre en chiffres à son écriture en lettres.

69 •	• cinquante-neuf
49 •	• soixante-neuf
59 •	• quarante-neuf
39 •	• vingt-neuf
29 •	• trente-neuf

3 **Complète** l'écriture du nombre en lettres.

- 63 → ....-trois
- 18 → ....-huit
- 34 → ....-quatre
- 56 → ....-six
- 49 → ....-neuf
- 27 → ....-sept

4 **Complète.**

- 57 → ...... + 7 → ....-sept
- 32 → ...... + 2 → ....-deux
- 46 → ...... + 6 → ....-six
- 61 → ...... + 1 → .... et un

90 Révisions (6)

Calcul mental

....	....	....	....	....	....

1 123 **Écris** les écritures du même nombre.

- soixante.. → 61 → 60 + ...
- ....-treize → 73 → 70 + ...
- soixante-quatre → .... → .... + 4
- .... → 79 → .... + 9

2 **Compare** les nombres avec < ou >.

59 61	70 60
69 72	68 75
77 61	79 64

3 2+1 **Calcule** la soustraction en ligne en commençant par les unités.

46 – 4 =

.... dizaines et 6 unités – .... unités

= .... dizaines et .... unités

4 **Mesure** les segments en centimètres avec ta règle graduée.
123 **Écris** les résultats dans le tableau.

segment rouge	.... cm
segment bleu	.... cm
segment vert	.... cm
segment violet	.... cm

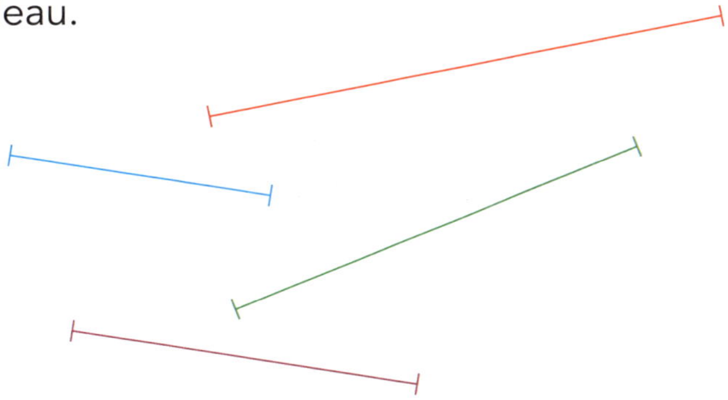

5 **Complète** le carré et le rectangle en traçant à la règle.

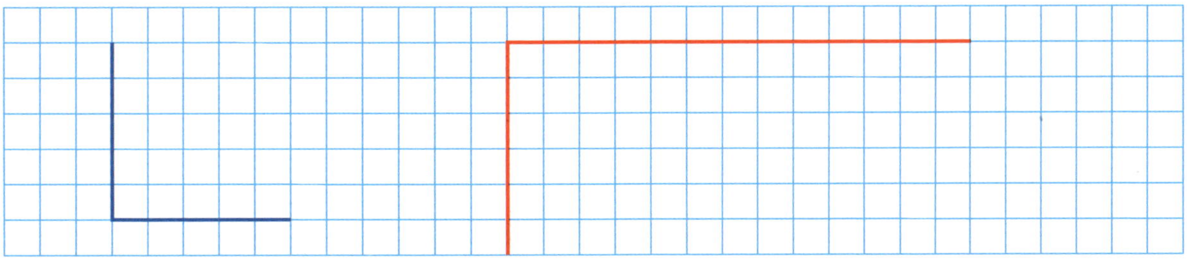

91 Le nombre 80

Compétences : Découvrir le nombre 80 en s'appuyant sur le lien entre les numérations orale et écrite. Dénombrer une collection de 80 éléments. Connaître et associer les diverses représentations d'un nombre.
Calcul mental : Écrire en chiffres et en lettres des nombres ≤ 79 énoncés sous la dictée.
Photofiches : Parcours **A** p. 86 – Parcours **B** p. 87

1 Chaque enfant a fait l'empreinte de ses 20 doigts : 10 doigts de mains et 10 doigts de pieds.
Complète le nombre de doigts de chacun et le nombre total de doigts.

...... + ... + ... + ... = ...

Il y a 4 fois .... doigts. Ce nombre se dit : quatre-vingts.

2 **Complète** les deux manières de calculer le nombre **quatre-vingts**.

...... + ... + ... + ... + ... + ... + ... + ...

= ...... donc .... dizaines

...... + ... + ... + ... = ...

C'est le nombre ....-..................

3 **Entoure** les mots nécessaires pour écrire chaque nombre.

60		70		80	
soixante	vingt	soixante	vingt	soixante	vingt
quatre	deux	quatre	deux	quatre	deux
dix	vingts	dix	vingts	dix	vingts

92 Les nombres de 80 à 89 (1)

Compétences : Dénombrer des collections de 80 à 89 en mettant en lien les désignations orale et écrite des nombres. Associer diverses représentations des nombres de 80 à 89. Connaître la valeur des chiffres en fonction de leur position (dizaines, unités).
Calcul mental : S'entraîner sur les compléments et les décompositions de 10.
Photofiches : Parcours A p. 86 – Parcours B p. 87

....

1 Noé collectionne les images. Il les colle par 20 dans les pages de son album. **Calcule** combien il a d'images au total.

.... + ... + ... + ... + ... = ...

....................-vingt-....................

2 **Complète** les écritures des nombres.

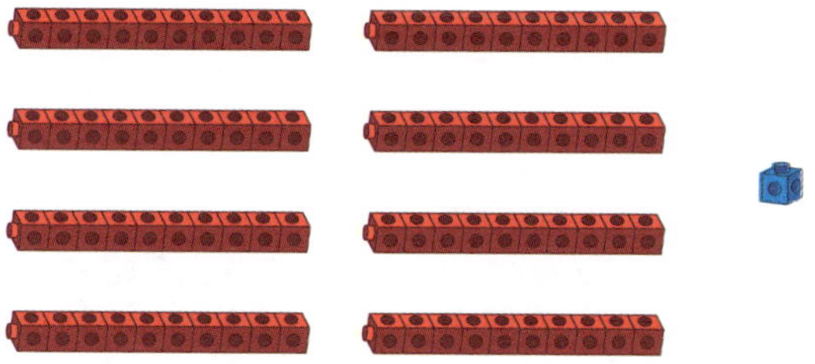

.... dizaines .... unité

quatre-..................-..................

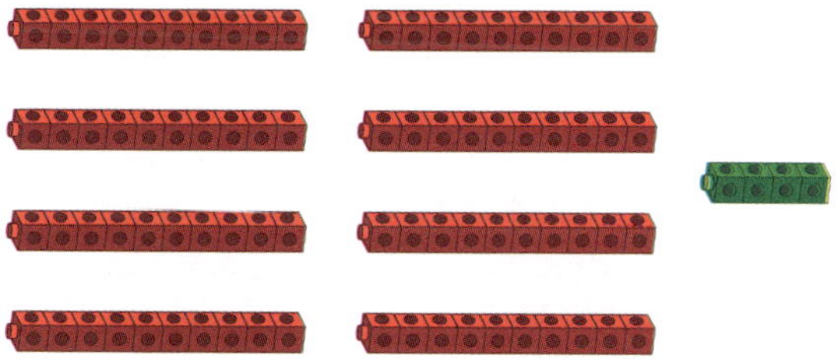

.... d .... u

..................-vingt-..................

3 **Écris** les nombres en chiffres ou en lettres.

.... : quatre-vingt-trois

.... : quatre-vingt-huit

89 : ....

85 : ....

4 **Entoure** le bon nombre.
Fais attention à la position des chiffres dans le nombre !

quatre-vingt-sept		quatre-vingt-deux		quatre-vingt-six	
87	78	28	82	68	86

93 Calcul en ligne : ajouter ou retrancher des dizaines entières

Compétences : Additionner ou soustraire des dizaines entières.
Calcul mental : Décomposer les nombres ≤ 89 en appui sur les dizaines entières.
Photofiches : Parcours **A** et **B** p. 88

[......] [......] [......] [......] [......]

1 La maîtresse a commandé des cahiers pour ses élèves.
Calcule le total de cahiers.

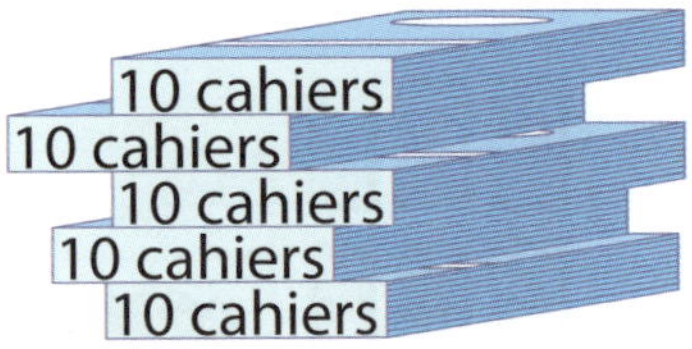

[......] dizaines + [......] dizaines = [......] dizaines = [......] cahiers

2 **Écris** les deux nombres et **calcule** l'addition.

 + 

.... dizaines + ... dizaines

[......] + [......] = [......]

3 **Calcule** les additions.

50 + 10 = [......]

30 + 20 = [......]

20 + 40 = [......]

10 + 60 = [......]

4 **Barre** 2 dizaines et **calcule** la soustraction.

 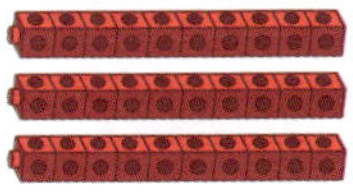

..... dizaines – 2 dizaines = ... dizaines

60 – [......] = [......]

5 **Barre** 4 dizaines et **complète**.

..... d – ..... d = ... d

[......] – 40 = [......]

6 **Calcule** les soustractions.

6 dizaines – 3 dizaines = ... dizaines

7 d – 2 d = ... d

5 d – 4 d = ... d

7 **Calcule** les additions.

40 + 20 = [......]

50 + 10 = [......]

50 + 30 = [......]

Colorie la case correspondant à la moitié de 14.

1	2	3	4	5	6	7	8	9	10	11	12	13	14	15

94

Le calendrier : l'année, les mois, les semaines et les jours

Compétence : Repérer les mois, les semaines et les jours et leurs relations.
Calcul mental : Réciter la suite numérique de 15 nombres à partir d'un nombre donné.
Photofiches : Parcours **A** et **B** p. 89

Observe le calendrier de l'année 2019 et **réponds** aux questions.

Janvier	Février	Mars	Avril	Mai	Juin	Juillet	Août	Septembre	Octobre	Novembre	Décembre
1 M	1 V	1 V	1 L	1 M	1 S	1 L	1 J	1 D	1 M	1 V	1 D
2 M	2 S	2 S	2 M	2 J	2 D	2 M	2 V	2 L	2 M	2 S	2 L
3 J	3 D	3 D	3 M	3 V	3 L	3 M	3 S	3 M	3 J	3 D	3 M
4 V	4 L	4 L	4 J	4 S	4 M	4 J	4 D	4 M	4 V	4 L	4 M
5 S	5 M	5 M	5 V	5 D	5 M	5 V	5 L	5 J	5 S	5 M	5 J
6 D	6 M	6 M	6 S	6 L	6 J	6 S	6 M	6 V	6 D	6 M	6 V
7 L	7 J	7 J	7 D	7 M	7 V	7 D	7 M	7 S	7 L	7 J	7 S
8 M	8 V	8 V	8 L	8 M	8 S	8 L	8 J	8 D	8 M	8 V	8 D
9 M	9 S	9 S	9 M	9 J	9 D	9 M	9 V	9 L	9 M	9 S	9 L
10 J	10 D	10 D	10 M	10 V	10 L	10 M	10 S	10 M 	10 J	10 D	10 M
11 V	11 L	11 L	11 J	11 S	11 M	11 J	11 D	11 M	11 V	11 L	11 M
12 S	12 M	12 M	12 V	12 D	12 M	12 V	12 L	12 J	12 S	12 M	12 J
13 D	13 M	13 M	13 S	13 L	13 J	13 S	13 M	13 V	13 D	13 M	13 V
14 L	14 J	14 J	14 D	14 M	14 V	14 D	14 M	14 S	14 L	14 J	14 S
15 M	15 V	15 V	15 L	15 M	15 S	15 L	15 J	15 D	15 M	15 V	15 D
16 M	16 S	16 S	16 M	16 J	16 D	16 M	16 V	16 L	16 M	16 S	16 L
17 J	17 D	17 D	17 M	17 V	17 L	17 M	17 S	17 M	17 J	17 D	17 M
18 V	18 L	18 L	18 J	18 S	18 M	18 J	18 D	18 M	18 V	18 L	18 M
19 S	19 M	19 M	19 V	19 D	19 M	19 V	19 L	19 J	19 S	19 M	19 J
20 D	20 M	20 M	20 S	20 L	20 J	20 S	20 M	20 V	20 D	20 M	20 V
21 L	21 J	21 J	21 D	21 M	21 V	21 D	21 M	21 S	21 L	21 J	21 S
22 M	22 V	22 V	22 L	22 M	22 S	22 L	22 J	22 D	22 M	22 V	22 D
23 M	23 S	23 S	23 M	23 J	23 D	23 M	23 V	23 L	23 M	23 S	23 L
24 J	24 D	24 D	24 M	24 V	24 L	24 M	24 S	24 M	24 J	24 D	24 M
25 V	25 L	25 L	25 J	25 S	25 M	25 J	25 D	25 M	25 V	25 L	25 M
26 S	26 M	26 M	26 V	26 D	26 M	26 V	26 L	26 J	26 S	26 M	26 J
27 D	27 M	27 M	27 S	27 L	27 J	27 S	27 M	27 V	27 D	27 M	27 V
28 L	28 J	28 J	28 D	28 M	28 V	28 D	28 M	28 S	28 L	28 J	28 S
29 M		29 V	29 L	29 M	29 S	29 L	29 J	29 D	29 M	29 V	29 D
30 M		30 S	30 M	30 J	30 D	30 M	30 V	30 L	30 M	30 S	30 L
31 J		31 D		31 V		31 M	31 S		31 J		31 M

- Combien y a-t-il de mois dans une année ?

  Il y a .... mois dans une année.

- Quel est le nom :

  → du 5e mois ? ....   → du 12e mois ? ....

  → du 7e mois ? ....   → du 1er mois ? ....

- Quelle est la date d'anniversaire de Noé ?

  Noé est né le ....

- Quel mois a le moins de jours ? C'est le mois de ....

- Combien y a-t-il de jours au mois de mai ? Il y a .... jours au mois de mai.

- Combien y a-t-il de semaines entières au mois d'avril ?

  Il y a .... semaines entières au mois d'avril.

95 L'addition posée à retenue (1)

Compétences : Découvrir et mettre en œuvre une technique de l'addition posée à retenue.
Calcul mental : Écrire en chiffres et en lettres des nombres énoncés en unités de numération.
Photofiches : Parcours **A** p. 90 – Parcours **B** p. 91

1 La maîtresse demande à Lola de ranger les craies par boîtes de 10.
Elle a déjà rangé 2 boîtes et il lui reste 13 craies à ranger.
Complète son rangement en entourant 10 craies.

.... nouvelle boîte et .... craies.

Au total, Lola a rangé .... boîtes et .... craies.

2 Lola et Noé rangent leurs crayons ensemble.
Calcule l'addition en regroupant par 10.

		.... boîtes et .... crayons
		.... boîte et .... crayons

N'oublie pas que 10 crayons ensemble forment 1 nouvelle boîte.

Au total : .... boîtes et .... crayons

3 **Calcule** le total de boîtes et de crayons seuls sans échanger.

	2 boîtes 	8 crayons 
+	1 boîte 	5 crayons 
Total	.... boîtes	.... crayons

4 **Échange** si tu as 10 crayons ou plus.

+ .... boîte

	2 boîtes	8 crayons
+	1 boîte	5 crayons
Total	.... boîtes	.... crayons

96 L'addition posée à retenue (2)

......	......	......	......	......

Compétences : Découvrir et mettre en œuvre une technique de l'addition posée à retenue.
Calcul mental : S'entraîner sur la table d'addition de 6 dont le résultat est ≤ 12.
Photofiches : Parcours **A** p. 90 – Parcours **B** p. 91

1 Un calot vaut 10 billes.

Observe l'addition.

+ 1 calot

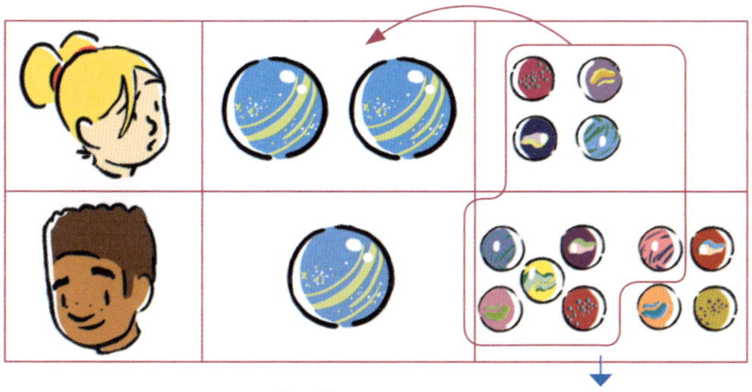

13 billes = 1 calot et 3 billes

Dessine et **calcule** l'addition à retenue.

retenue + ...

1 calot et 6 billes		
2 calots et 8 billes		

.... calots .... billes

2 **Regroupe** les pièces et **complète** l'addition.

+ .... billet

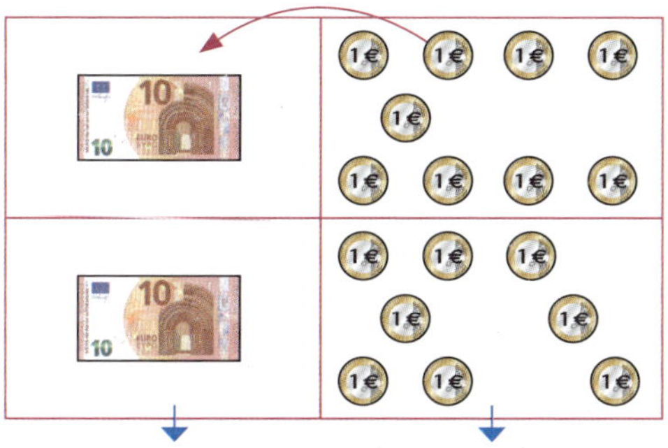

.... billets .... pièces

17 pièces = ... billet et .... pièces

3 **Dessine** et **calcule** l'addition à retenue.

retenue + ...

2 billets de 10 € et 7 pièces de 1 €		
1 billet de 10 € et 4 pièces de 1 €		

...... billets ...... pièces

4 **Regroupe** les unités et **complète** l'addition.

+ .... dizaine

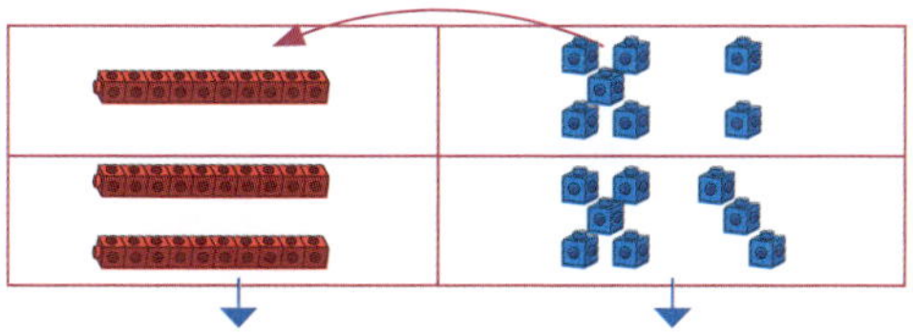

.... dizaines .... unités

15 unités = ... dizaines et ...... unités

5 **Calcule** l'addition à retenue.

+ ....

	dizaines	unités
	2	5
+	1	7
Total	....	....

97 Les nombres de 80 à 89 (2)

Compétences : Composer et décomposer les nombres de 80 à 89 en s'appuyant sur la numération décimale.
Calcul mental : S'entraîner sur les décompositions additives des nombres ≤ 10.
Photofiches : Parcours **A** p. 92 – Parcours **B** p. 93

....

1 Pour l'anniversaire de Maman, Noé et son papa veulent acheter 80 macarons.
Relie toutes les possibilités pour avoir 80 macarons en 2 paquets.

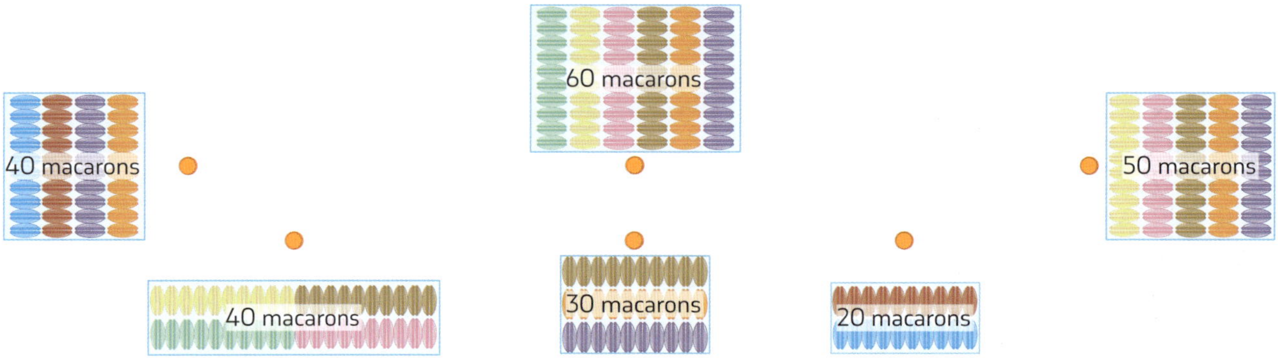

2 **Dessine** les barres qu'il faut ajouter pour avoir 80, puis **complète** l'addition.

+

.... + ... = 80

3 **Complète** les décompositions de 80.

70 + ... = 80
.... + 50 = 80
20 + ... = 80
.... + 60 = 80

4 **Écris** les nombres et leur décomposition.

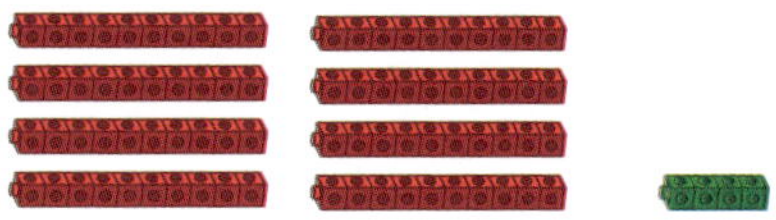

.... + ... = ...

.... + ... = ...

5 **Complète** les additions.

85 = 80 + ...
.... = 80 + 2
89 = 80 + ...

84 = 80 + ...
.... = 80 + 3
88 = ... + 8

Colorie la case correspondant au résultat de 69 – 5.

55	56	57	58	59	60	61	62	63	64	65	66	67	68	69

98 Comparaison des nombres de 0 à 89

....

Compétences : Comparer, encadrer et ordonner les nombres de 0 à 89.
Calcul mental : Écrire et nommer le nombre qui précède et/ou qui suit un nombre ≤ 89.
Photofiches : Parcours **A** p. 92 – Parcours **B** p. 93

1 La classe de CP et la classe de CE1 ont chacune une bibliothèque.
Chaque case contient 10 livres.
Dans quelle classe y a-t-il le plus de livres ?

CP ....

CE1 ....

Complète la phrase.

La classe de .... a le plus de livres car elle a plus de cases de 10 livres.

2 **Compare** les nombres avec **<** ou **>**.

- 87 78
- 59 81
- 73 83
- 84 88
- 81 79
- 80 77

3 **Écris** le nombre qui précède et celui qui suit.

.... < 84 < ....

.... < 87 < ....

.... < 80 < ....

4 **Écris** les 15 nombres qui viennent avant 87.

.....	.....	.....	.....	.....	.....	.....	.....	.....	.....	.....	.....	.....	.....	.....	87

5 **Écris** les nombres dans l'ordre du plus petit au plus grand, le long du trajet de Litchi.

73 58 81 49 67

Compte de 10 en 10.

5	15	25	.....	.....	.....	.....	.....	.....

99 Comparaison d'objets selon leur masse

Compétences : Estimer la masse d'un objet. Comparer des objets selon leur masse. Utiliser le lexique spécifique aux masses : « plus lourd, moins lourd, plus léger ».
Calcul mental : S'entraîner sur la table d'addition de 6.
Photofiches : Parcours **A** p. 94 – Parcours **B** p. 95

1 Au zoo, Noé et Lola comparent les masses de ces animaux.

Entoure l'animal qui convient.

L'animal le plus léger est : le singe l'éléphant le lion.

L'animal le plus lourd est : le singe l'éléphant le lion.

2 Litchi et Lola jouent à la balançoire. Lequel des deux est le plus lourd ?

Complète.

.... *est plus lourd que* ....

3 Lola compare les masses de son sac, de son fichier et de sa trousse.
Complète les phrases avec *plus léger que* ou *plus lourd que*.

Le fichier est
.... *le sac.*

Le fichier est
.... *la trousse.*

Classe ces 3 objets du plus léger au plus lourd.

....

100 Utilisation de la balance : peser avec une unité

Compétence : Comparer les masses de plusieurs objets par comparaison directe ou indirecte.
Calcul mental : Nommer les doubles des dizaines entières jusqu'à 40.
Photofiches : Parcours **A** p. 94 – Parcours **B** p. 95

1 Lorsque l'aiguille est au milieu, les deux objets ont **la même masse**.
Complète.

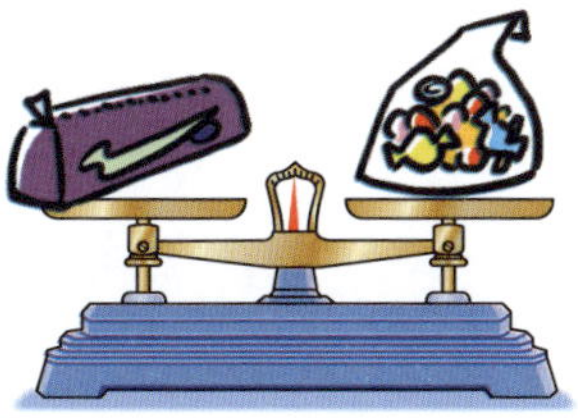

La trousse a ....
que le paquet de bonbons.

2 Combien faut-il de boules pour faire la masse du paquet de bonbons ?
Complète.

Il faut .... boules pour faire la masse du paquet de bonbons.

3 Lola a pesé 4 objets avec des billes. **Écris** le résultat de chaque pesée.

Le verre pèse autant que .... billes.

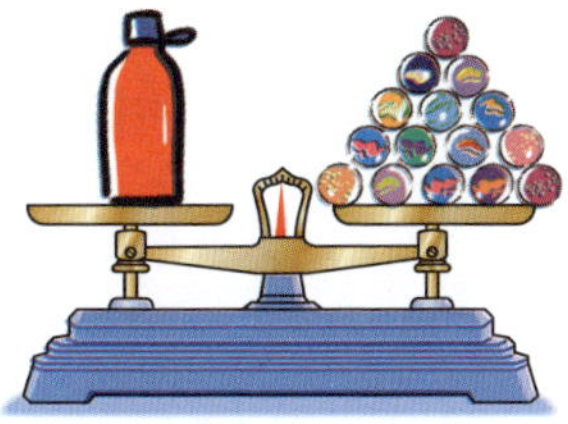

La gourde pèse autant que .... billes.

La voiture pèse .... que .... billes.

La balle pèse .... que .... billes.

Classe ces 4 objets du plus léger au plus lourd.

....

4 Noé place la voiture et la balle sur le même plateau de la balance.
Dessine les billes pour faire la même masse sur l'autre plateau.

101 Problèmes sur les masses (1)

......	......	......	......	......

Compétences : Résoudre des problèmes sur les grandeurs impliquant des mesures de masses.
Calcul mental : Nommer et écrire le double des nombres ≤ 10.
Photofiches : Parcours **A** p. 96 – Parcours **B** p. 97

1 Pour faire des confitures, Papi utilise 9 kg de prunes et 5 kg de sucre en poudre.
Quelle est la masse totale de confiture en kilogrammes ?

Colorie sur la bande numérique :
– en **bleu** la masse de prunes ;
– en **vert** la masse de sucre.

1 case représente 1 kg.

1	2	3	4	5	6	7	8	9	10	11	12	13	14	15	16	17	18	19	20

Écris et **calcule** l'opération.

....

Écris une phrase pour répondre à la question.

....

2 Litchi pèse 25 kg. Noé pèse 20 kg.
Quelle différence de masse y a-t-il entre les deux personnages ?

Colorie la masse de chaque personnage sur les deux bandes numériques.

	5 kg	10 kg	15 kg	20 kg	25 kg	30 kg
Noé						
Litchi						

Écris et **calcule** l'opération.

....

Écris une phrase pour répondre à la question.

....

102 Problèmes sur les masses (2)

Compétence : Résoudre des problèmes sur les grandeurs impliquant des mesures de masses.
Calcul mental : S'entraîner sur les tables d'addition de 2 à 6.
Photofiches : Parcours **A** p. 96 – Parcours **B** p. 97

1 Lola pesait 3 kg à la naissance.
Elle pèse 15 kg de plus aujourd'hui.
Combien Lola pèse-t-elle aujourd'hui ?

Colorie la bande numérique pour mieux comprendre le problème.

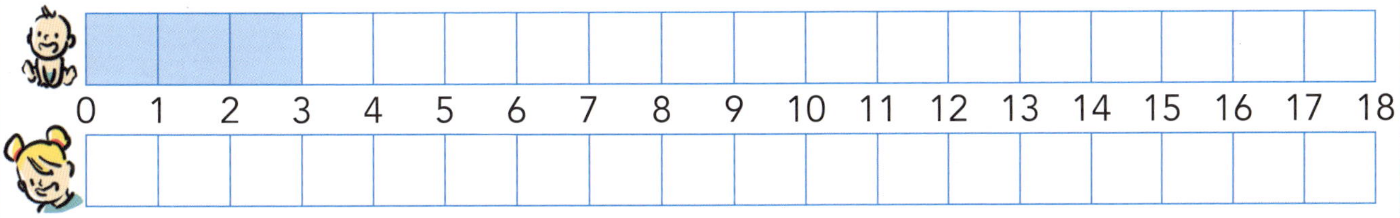

Écris et **calcule** l'opération.

....

Écris une phrase pour répondre à la question.

....

....

2

La valise de Lola pèse 26 kg.
La valise de Noé pèse 9 kg de moins que celle de Lola.
Quelle est la masse de la valise de Noé ?

Colorie la bande numérique pour mieux comprendre le problème.

Écris et **calcule** l'opération.

....

Écris une phrase pour répondre à la question.

....

....

103 Les solides (1)

Compétences : Trier et classer des solides. Identifier les solides (cubes, pavés droits, boules, cônes, pyramides, cylindres) et les associer à des objets de la vie courante.
Calcul mental : Nommer et écrire des nombres énoncés sous la forme x dizaines et y unités.
Photofiches : Parcours **A** p. 98 – Parcours **B** p. 99

Observe ces solides, puis **classe**-les dans le tableau.

cubes	pavés droits	boules	cônes	pyramides	cylindres
n° 4	n° 14	n° 12	n° 5	n° 18	n° 3
n°	n°	n°	n°	n°	n° ....
n°	n°	n°	n°	n°	n° ....

104 Les solides (2)

Compétences : Identifier et nommer des solides simples dans son environnement.
Calcul mental : Ajouter des dizaines entières entre elles.
Photofiches : Parcours **A** p. 98 – Parcours **B** p. 99

1 Relie chaque objet à sa forme géométrique.

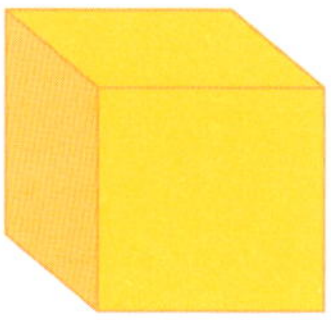    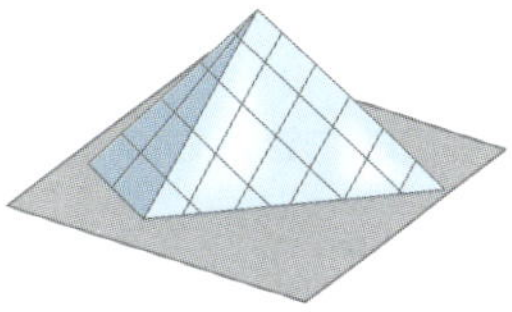 

pavé droit • pyramide • cube • boule • cylindre • cône

2 Écris le nom de chaque solide.

……………………

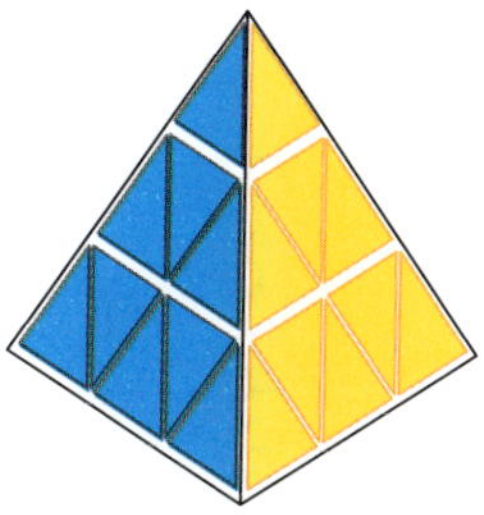
……………………

……………………

……………………

……………………

……………………

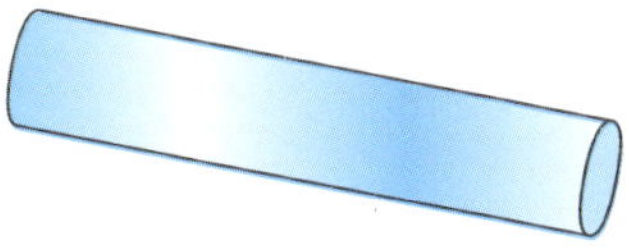
……………………

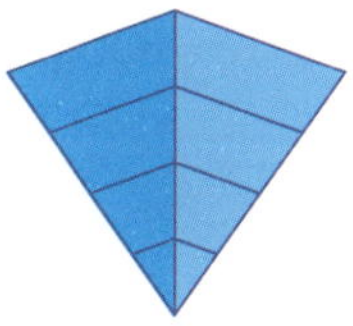
……………………

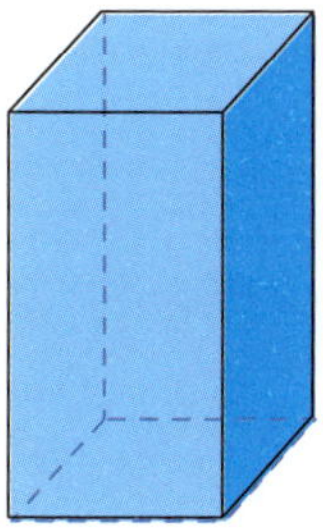
……………………

……………………

……………………

105 Problèmes pour apprendre à chercher (4)

Compétences : S'engager dans une démarche de résolution de problème en émettant des hypothèses, en les testant, en essayant plusieurs pistes, en exposant sa démarche de recherche.
Calcul mental : Nommer et écrire les moitiés des nombres pairs ≤ 20.

1 Lola choisit une carte.
Sur sa carte, il y a : • 2 rectangles • 1 triangle en haut à gauche.

Entoure la carte de Lola.

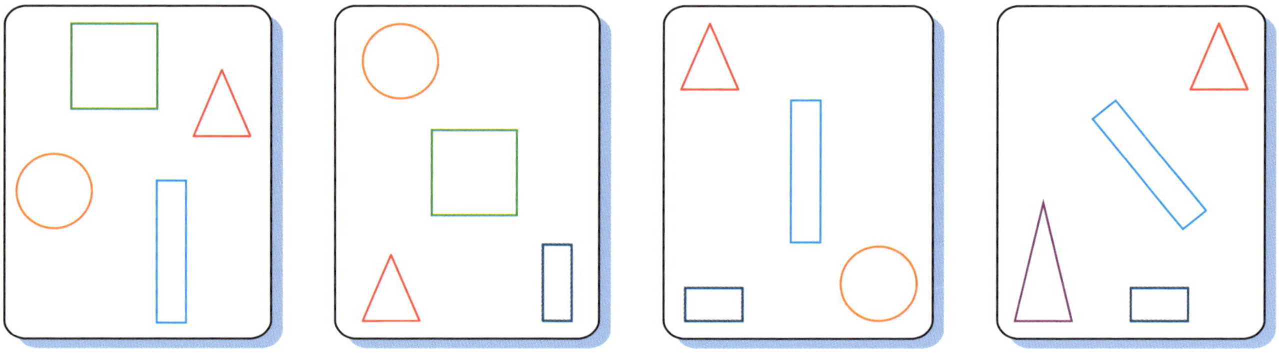

2 Noé et Lola ont remplacé les chiffres par des dessins dans les additions.

	☺	✺			☺	☾			☾	☺
+	✺	✺		+	☾	✺		+	☺	☆
	9	8			7	6			7	6

Écris la valeur de chaque dessin.

☺ : .... ✺ : .... ☾ : .... ☆ : ....

3 Dans sa tirelire, Lola a autant de pièces de 2 € que de billets de 5 €.
Elle possède en tout 42 €.
Cherche le nombre de pièces de 2 € et de billets de 5 € contenus dans sa tirelire.

Dessine et **fais** tes essais.

Complète la réponse.

Dans sa tirelire, Lola a .... pièces de 2 € et .... billets de 5 €.

106 Révisions (7)

Calcul mental

....	....	....	....	....	....

1 Écris les nombres en chiffres.

quatre-vingts : ....

quatre-vingt-sept : ....

quatre-vingt-deux : ....

2 Écris les nombres en lettres.

83 : ....

86 : ....

89 : ....

3 Écris le nombre qui précède et celui qui suit.

...... < 80 < .... < 81 < ......

...... < 83 < .... < 86 < ......

4 Range les nombres du plus petit au plus grand.

73 – 54 – 88 – 79 – 65

...... < ...... < ...... < ...... < ......

5 Calcule l'addition.

\+ ....

	dizaines	unités
	3	8
+	4	3
Total	....	....

38 + 43 = ...

6 Entoure le nom de l'objet le plus lourd.

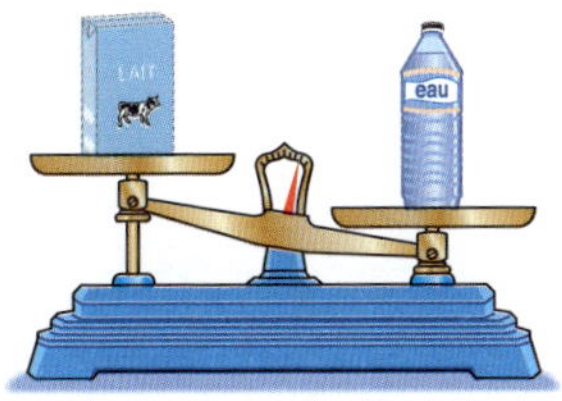

brique de lait   bouteille d'eau

7 Relie le solide à son nom.

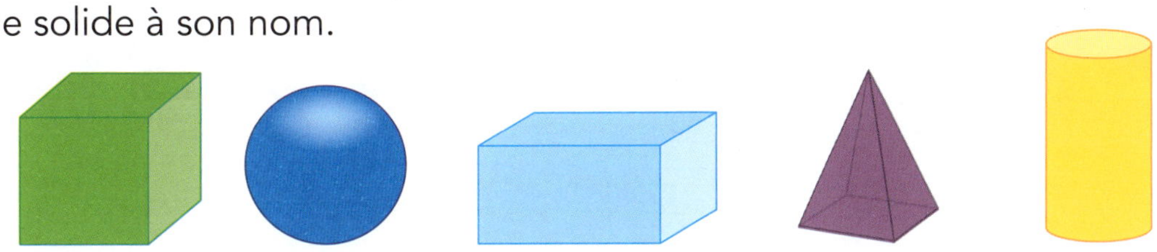

boule   cube   cylindre   pavé droit   pyramide

107 Le nombre 90

Compétences : Connaître et associer diverses représentations du nombre 90 : écritures en chiffres, en lettres et décomposée.
Calcul mental : Soustraire des dizaines entières entre elles.
Photofiches : Parcours **A** p. 100 – Parcours **B** p. 101

....

1 La maman de Lola ajoute l'empreinte des 10 doigts de ses mains à l'affiche des mains et des pieds des enfants.

Complète.

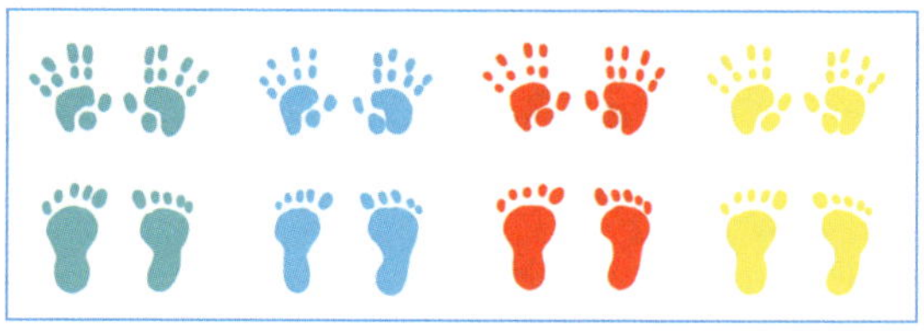

...... 10

...... + ... = 90

quatre-vingt-dix

2 **Écris** le nombre sous la forme de dizaines entières.

...... dizaines

......

soixante-..............

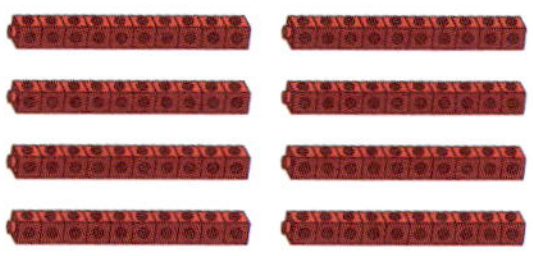

...... dizaines

......

quatre-..............

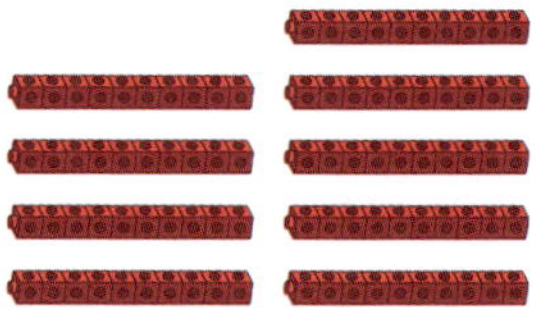

...... dizaines

......

quatre-............-............

3 Au chamboule-tout, il faut un total de 90 en faisant tomber deux têtes.
Barre la 2nde tête que chaque enfant doit faire tomber.

Noé

60 + ... = ...

Lola

...... + ... = ...

Écris d'autres manières d'obtenir 90 en additionnant des dizaines entières.

10 – 20 – 30 – 40 – 50 – 60 – 70 – 80

...... + ... = 90 ...... + ... = 90 ...... + ... = 90

108 Les nombres de 90 à 99

....

Compétences : Dénombrer des collections. Connaître et associer entre elles diverses représentations des nombres de 90 à 99. Découvrir la spécificité orale des nombres de cette dizaine.
Calcul mental : Calculer la somme d'un nombre à 2 chiffres et d'un nombre à 1 chiffre avec franchissement de la dizaine.
Photofiches : Parcours **A** p. 100 – Parcours **B** p. 101

1 Les fourmis se rangent par groupes pour se compter.
Complète.

...... + ... + ... + ... + ...
...... + ... = ...

quatre-.................. + ...

Au total, il y a .... fourmis.

2 Complète.

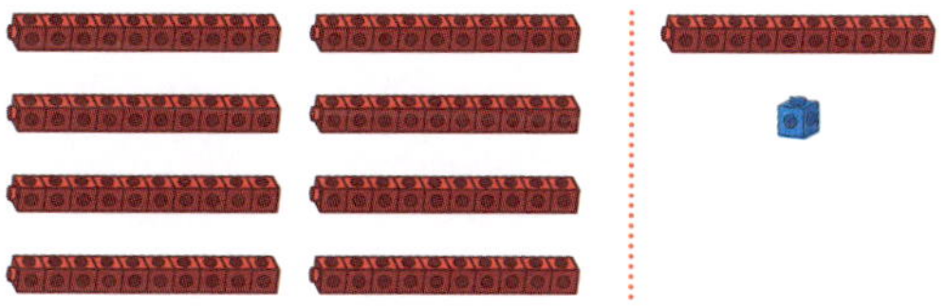

...... + ...
= ......

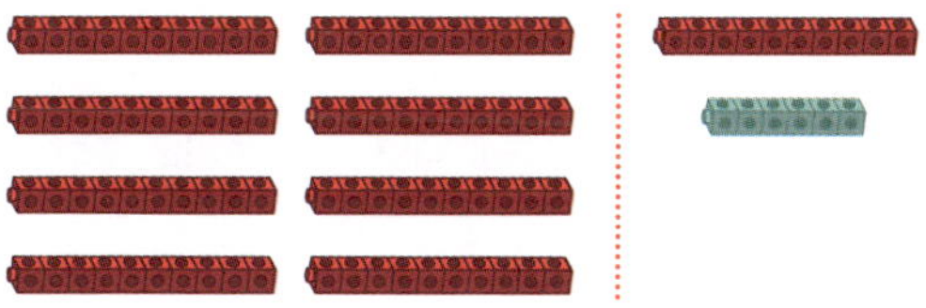

...... + ...
= ......

3 Remets les mots **dans l'ordre** pour **écrire** les nombres en lettres, puis en chiffres.

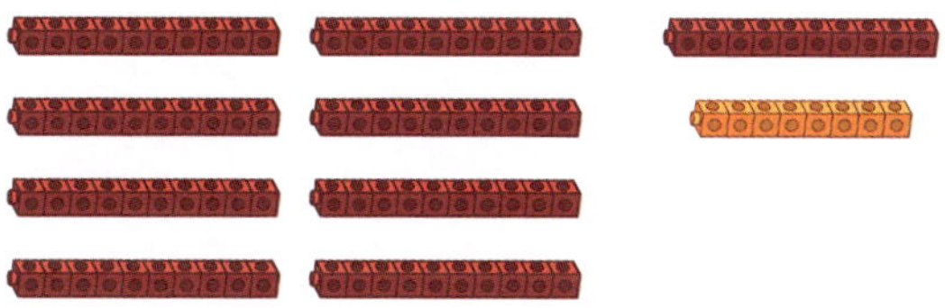

dix | huit | quatre | vingt

..............-..............-..............-..............

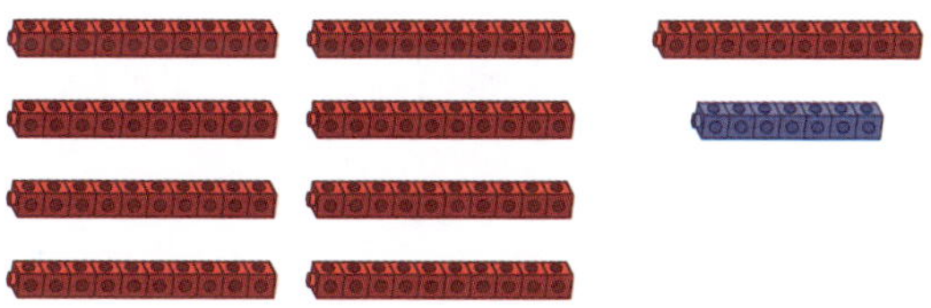

vingt | sept | quatre | dix

..............-..............-..............-..............

4 Entoure le bon nombre.

quatre-vingt-quatorze
74 – 84 – 94

quatre-vingt-dix-neuf
79 – 99 – 79

quatre-vingt-quinze
85 – 75 – 95

109 Calcul en ligne : additionner ou soustraire des dizaines entières

Compétences : Additionner ou retrancher des dizaines entières à un nombre à 2 chiffres.
Calcul mental : Écrire en chiffres et en lettres des nombres ≤ 90 dictés.
Photofiches : Parcours **A** et **B** p. 102

1 Noé et Lola réunissent leurs collections de porte-clés.

Complète et **calcule**.

- nombre de porte-clés de Noé

...... dizaines + ... unités

- nombre de porte-clés de Lola

...... dizaines

- nombre de porte-clés à eux deux

...... + ... + ...

30 + ... + ... = ...

2 **Complète** et **calcule** l'addition.

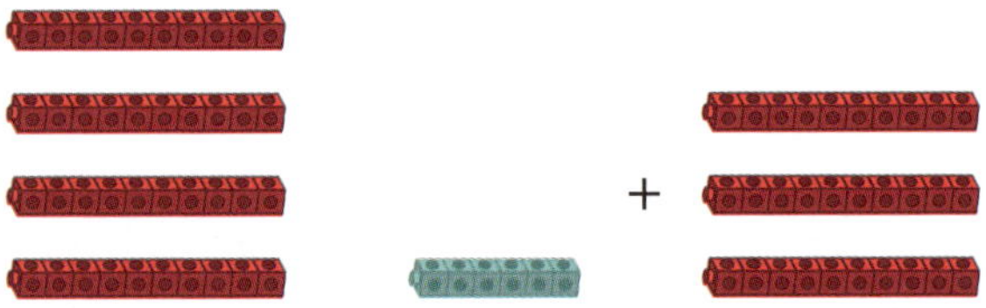

40 + ... + ...

...... + ... + ... = ...

3 **Calcule** la soustraction 78 – 40.

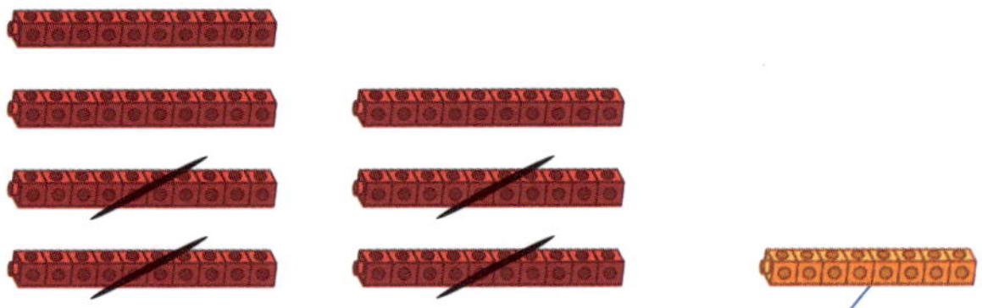

7 dizaines – ...... dizaines

70 – ......

...... + ... = ...

4 **Calcule** les additions.

- 29 + 40 = ...
- 37 + 20 = ...

5 **Calcule** les soustractions.

- 80 – 50 = ...
- 73 – 30 = ...

110 L'addition posée à retenue (3)

......	......	......	......	......

Compétences : Poser et calculer une addition de deux nombres à 2 chiffres avec retenue.
Calcul mental : Calculer la somme d'un nombre à 2 chiffres et de dizaines entières.
Photofiches : Parcours **A** et **B** p. 103

1

Regroupe les billes de Lola et Noé en paquets de 10 et 123 **écris** le résultat de l'addition.

+ .... sac

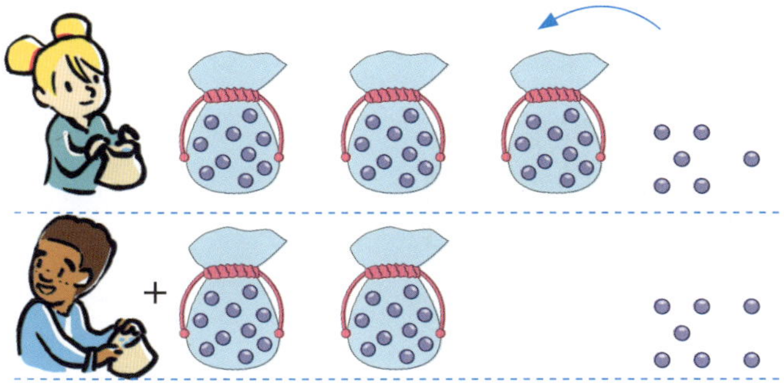

Calcule l'addition à retenue.

	sacs, retenue + ...	billes
	3	6
+	2	7
	....	....

36 + 27 = ... dizaines et ...... unités = ...

2

Regroupe les unités en dizaine et **réalise** l'échange.

+ ....

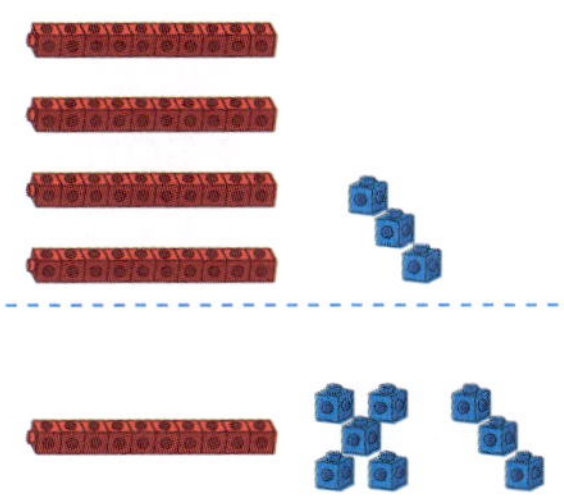

Calcule l'addition à retenue.

	dizaines, retenue + ...	unités
	4	3
+	1	8
	....	....

43 + 18 = ... dizaines et ...... unités = ...

3

Calcule les additions.

	dizaines	unités
retenue	+	
	3	8
+	2	4
	.	.

retenue	+	
	4	8
+	1	7
	.	.

retenue	+	
	2	9
+	3	6
	.	.

111 Les déplacements dans la cour de l'école (2)

Compétence : Coder un déplacement sur un quadrillage en utilisant un vocabulaire spatial précis : « avancer, reculer, tourner à droite, à gauche, monter, descendre ».
Calcul mental : Résoudre des problèmes additifs et soustractifs simples.
Photofiches : Parcours **A** et **B** p. 104

1 Le chemin de Lola est codé par des flèches. Une flèche indique un déplacement d'une case.
Trace le déplacement de Lola dans la cour de l'école.

portail école	↑↑	←	↑↑	←	↑↑	→→→	↓	→→	↑↑	classe de CP

2 Noé a fait un autre trajet. **Utilise** les flèches pour coder son déplacement.

portail école			↑↑					classe de CP

112 Reproduction de figures sur papier quadrillé (1)

Compétence : Reproduire des carrés et des rectangles sur papier quadrillé.
Calcul mental : Soustraire des dizaines entières à un nombre à 2 chiffres.
Photofiches : Parcours **A** et **B** p. 105

1 **Reproduis** la figure en complétant le quadrillage ci-dessous.

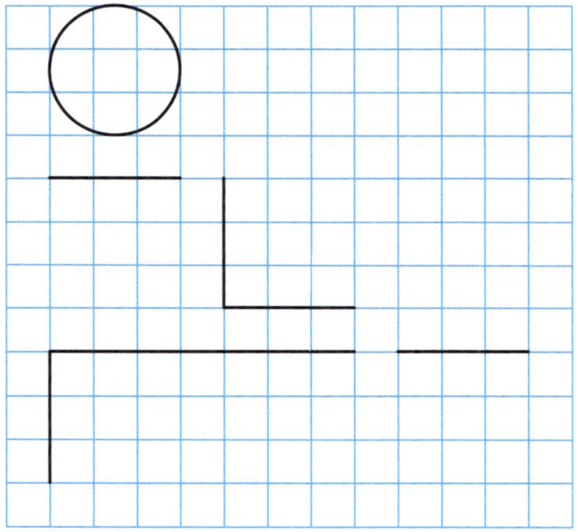

2 **Reproduis** le lapin sur le quadrillage de droite, en traçant des carrés et des rectangles.

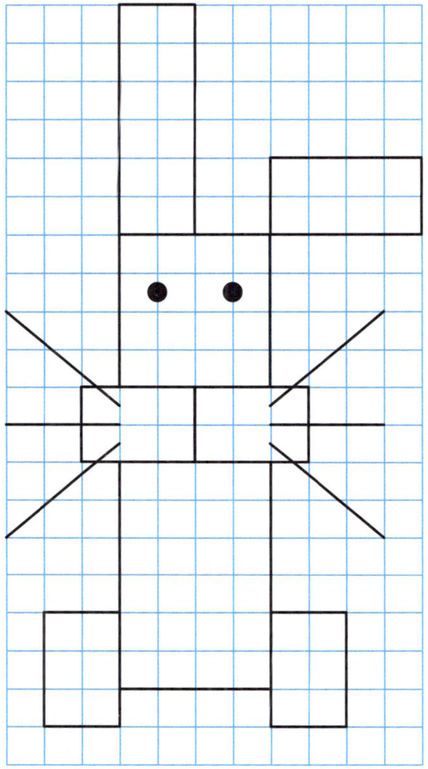

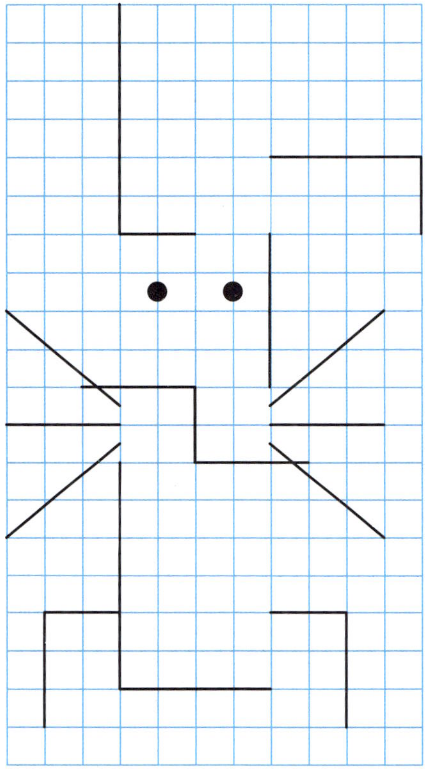

113 Le nombre 100

Compétences : Découvrir le nombre 100 (groupement de 10 dizaines). Connaître et utiliser diverses représentations du nombre et passer de l'une à l'autre.
Calcul mental : S'entraîner sur la table d'addition de 7 avec des résultats ≤ 14.
Photofiches : Parcours **A** p. 106 – Parcours **B** p. 107

1 Lola et Noé veulent construire la plus haute tour de cubes !
Ils mettent ensemble tous leurs cubes. Ils en ont 100 en tout.

Entoure les groupes de 10 et **complète** l'addition.

10 + 10 + 10 + 10 + 10 + 10 + 10 + 10 + 10 + 10 = ...

1 centaine = ... dizaines

2 **Entoure** les **dizaines** en **rouge** et la **centaine** en **vert**.

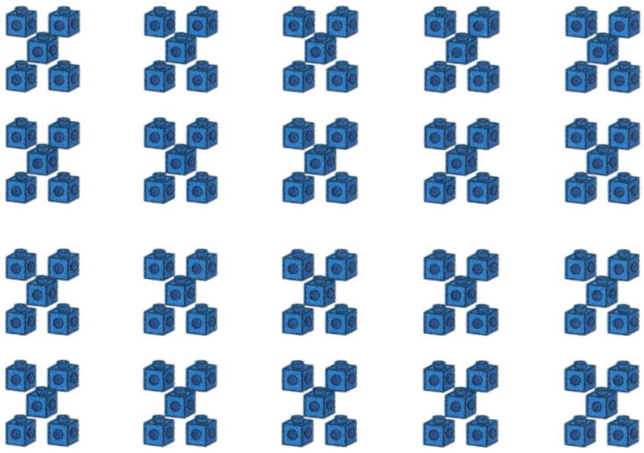

Complète. 100 unités = ... dizaines = ... centaine

3 **Complète** avec *dizaines* et *centaine*.

10 billets de 10 euros = 10 ....

1 billet de 100 € = 1 ....

Litchi saute de case en case.
Complète la bande numérique.

86	87	88	.....	.....	.....	.....	.....	.....	.....	.....	.....	.....	.....	.....	.....

114 Les dizaines et la centaine

Compétences : Composer et décomposer la centaine en dizaines entières.
Calcul mental : Calculer la somme d'un nombre à 2 chiffres et de dizaines entières.
Photofiches : Parcours **A** p. 106 – Parcours **B** p. 107

....

1 Noé et Lola ont ramassé des coquillages sur la plage.

Complète l'addition pour connaître le nombre total de coquillages qu'ils ont à eux deux.

6 dizaines + ... = ...

60 + ... = ...

Écris le résultat en lettres. ....

2 **Dessine** les barres-dizaines qui manquent pour faire 100.

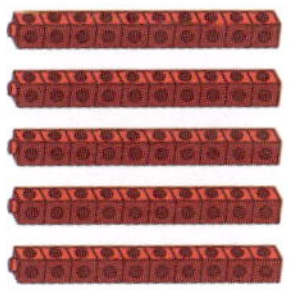

\+ = 100

.... + ... = 100

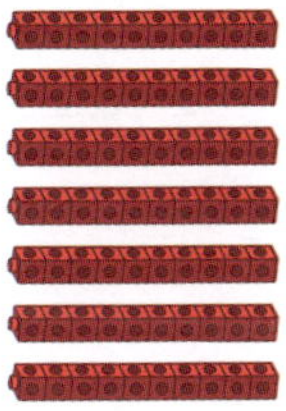

\+ = 100

.... + ... = 100

3 **Barre** les barres-dizaines en trop pour faire 100.

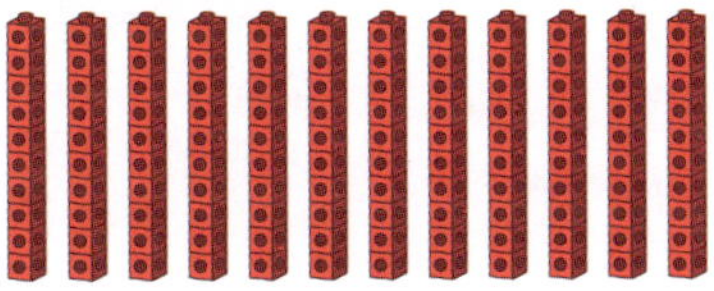

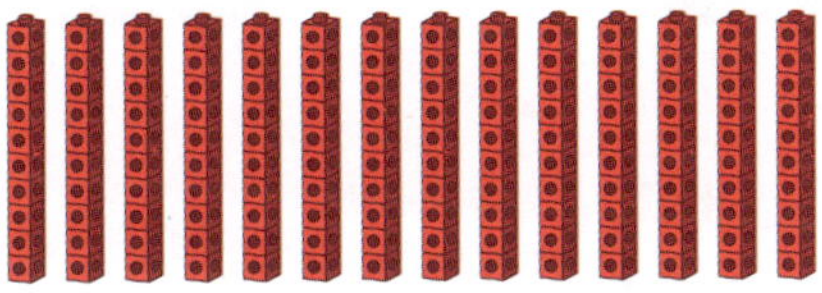

4 **Complète** pour avoir 100.

40 + ... = 100
100 = ... + 70

20 + ... = 100
100 = 50 + ...

10 + ... = 100
100 = 60 + ...

80 + ... = 100
100 = 90 + ...

115 Calcul en ligne : additionner 2 nombres à 2 chiffres sans retenue (2)

Compétence : Décomposer additivement les termes pour calculer plus facilement.
Calcul mental : S'entraîner sur la table d'addition de 7.
Photofiches : Parcours **A** p. 108 – Parcours **B** p. 109

1 Lola et Noé veulent ranger tous leurs porte-clés dans une seule boîte.
Calcule le nombre total de porte-clés.

Lola

Porte-clés animaux + porte-clés fleurs

Noé

Porte-clés animaux + porte-clés fleurs

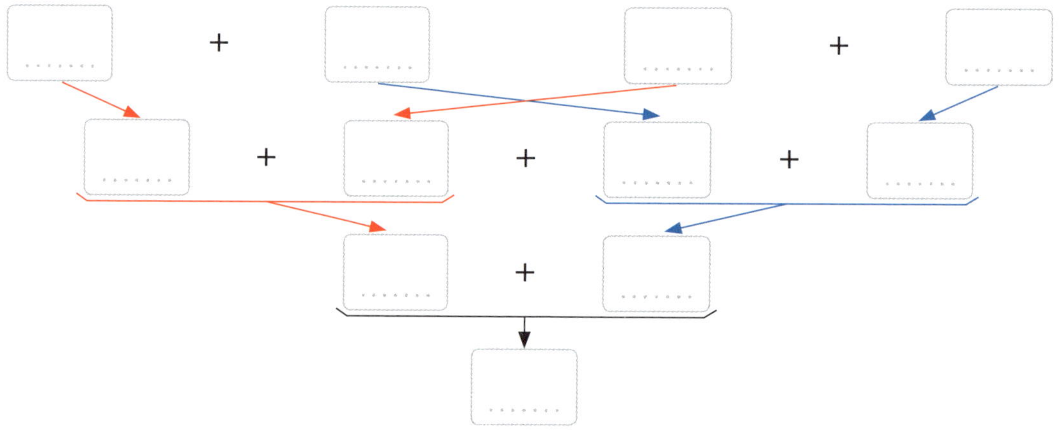

2 **Calcule** de la même façon les additions.

41 + 35

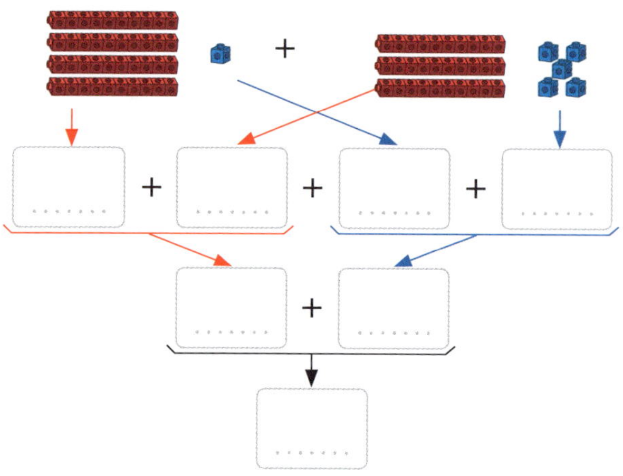

41 + 35 = ...

32 + 67

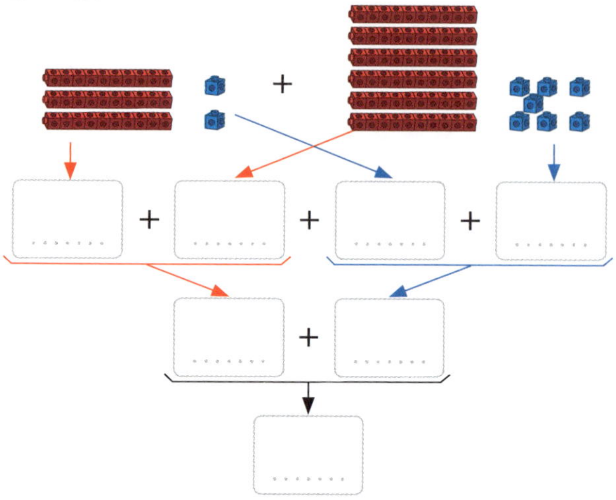

32 + 67 = ...

116 L'addition posée à retenue (4)

Compétences : Poser et calculer une addition de 3 nombres à 2 chiffres avec retenue.
Calcul mental : Nommer les doubles des dizaines entières jusqu'à 50.
Photofiches : Parcours **A** p. 108 – Parcours **B** p. 109

1 **Regroupe** les unités en dizaine et **réalise** l'échange.

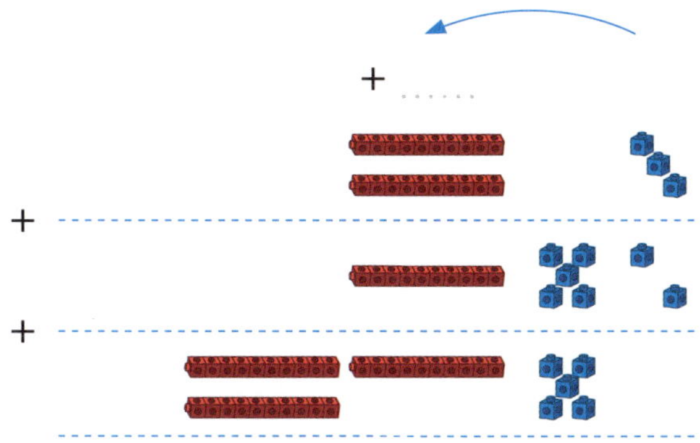

Calcule l'addition à retenue.

	dizaines retenue + ...	unités
	....	....
+	....	....
+	....	....
	....	....

23 + 17 + 35 = ... dizaines et ...... unités = ...

2 **Calcule** les additions.

	dizaines	unités
	retenue + ...	
	2	2
+	3	8
+	2	4
	.	.

	retenue + ...	
	2	3
+	4	8
+	1	7
	.	.

	retenue + ...	
	1	7
+	2	1
+	3	9
	.	.

3 **Pose** et **calcule** les additions.

31 + 26 + 14

	3	1
+		
+		

45 + 14 + 26

+		
+		

53 + 24 + 21

+		
+		

117 Problèmes du champ additif (3)

....

Compétences : Résoudre des problèmes du champ additif. Comprendre le problème posé. Établir une stratégie de résolution en s'appuyant sur un dessin ou un schéma.
Calcul mental : S'entraîner sur la table d'addition de 8 avec des résultats ≤ 14.
Photofiches : Parcours **A** p. 110 – Parcours **B** p. 111

1 Pour la séance d'éducation physique, Lola porte 6 ballons, Noé porte 9 ballons et Teddy porte 4 ballons.
Combien portent-ils de ballons au total à eux trois ?
Dessine les ballons.

Ballons de Lola	Ballons de Noé	Ballons de Teddy

Écris et **calcule** l'opération.

.... = ...

Écris une phrase pour répondre à la question.

À eux trois, ils portent .... ballons au total.

2 Noé et Lola ont 17 billes à eux deux. Noé a 9 billes.
Combien Lola a-t-elle de billes ?
Complète le schéma.

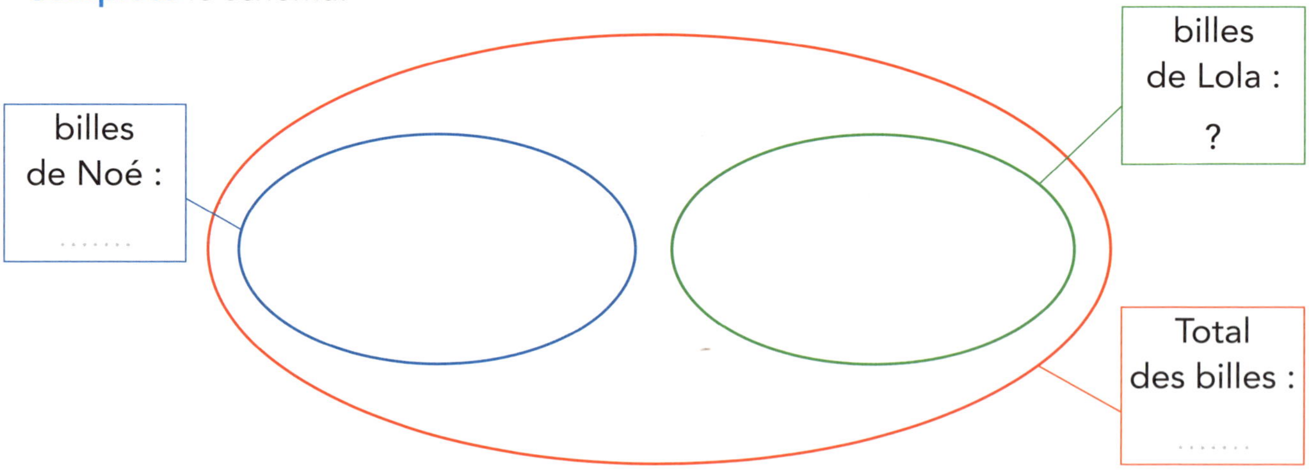

Écris et **calcule** l'opération.

.... = ...

Écris une phrase pour répondre à la question.

Lola a ....

118 Problèmes du champ additif (4)

....

Compétences : Résoudre des problèmes du champ additif. Comprendre le problème posé. Établir une stratégie de résolution en s'appuyant sur un dessin ou un schéma.
Calcul mental : Soustraire des dizaines entières à un nombre à 2 chiffres.
Photofiches : Parcours **A** p. 110 – Parcours **B** p. 111

1 Ce matin, Lola avait 21 billes en arrivant à l'école.
Pendant la récréation, elle gagne 7 billes.
Combien Lola a-t-elle de billes à la fin de la récréation ?
Complète le schéma.

Billes de Lola avant la récréation .... Billes gagnées ....

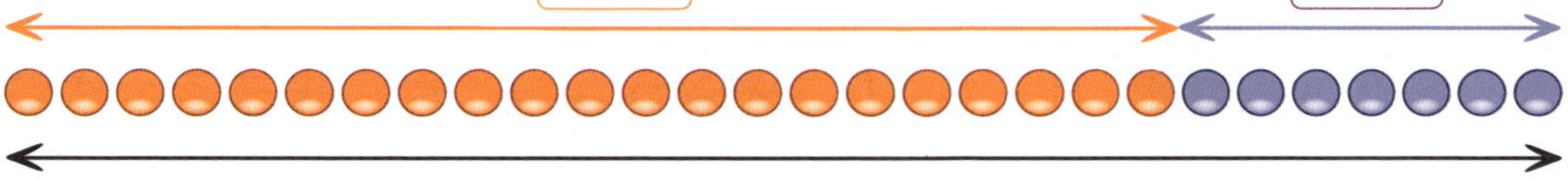

Total des billes de Lola après la récréation

?

Écris l'opération.

.... = ...

Écris la phrase réponse.

Lola a .... à la fin de la récréation.

2 Ce matin, Noé est arrivé à l'école avec des billes.
Il en a perdu 7 pendant la récréation. Il lui en reste 22.
Combien Noé avait-il de billes avant la récréation ?
Complète le schéma.

Total des billes de Noé en arrivant à l'école

?

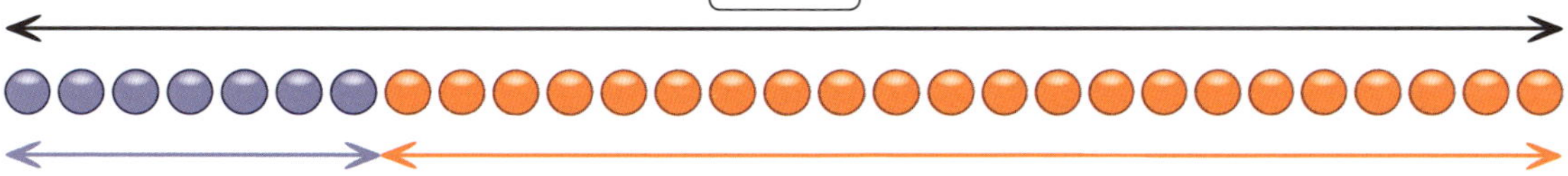

Billes perdues .... Billes qui lui restent après la récréation ....

Écris l'opération.

.... = ...

Écris la phrase réponse.

Noé avait .... avant la récréation.

119 Les mots de la géométrie

Compétence : Utiliser un langage géométrique précis et adapté.
Calcul mental : Trouver le nombre qui précède et/ou qui suit un nombre donné ≤ 99.

C'est la fête des mots de la géométrie.

1 **Complète** les phrases avec les mots de la géométrie.

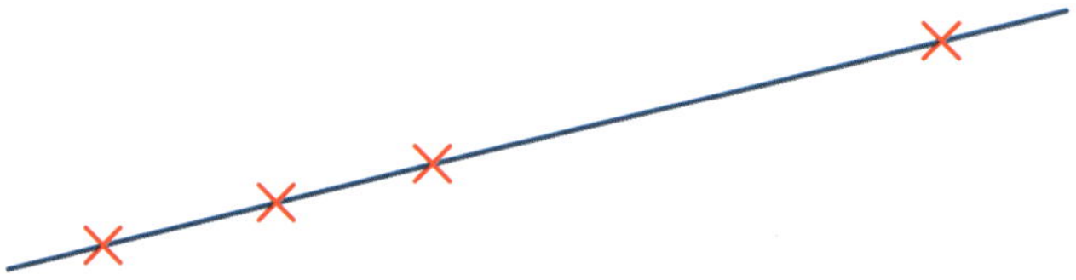

- Toutes les croix × sont ....
- Elles sont sur la même ....

2 **Complète** les phrases avec des mots de la géométrie.

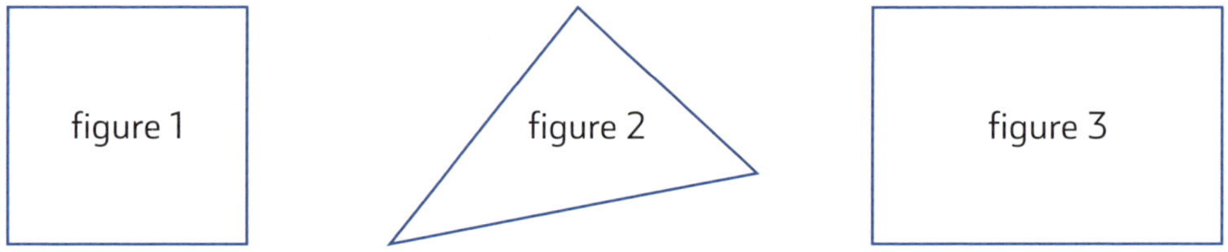

- La figure 1 est un .... Elle a 4 ....
- La figure 2 est un .... Elle a 3 ....
- La figure 3 est un .... Elle a 4 ....

3 **Complète** avec des mots de la géométrie.

un ....

un ....

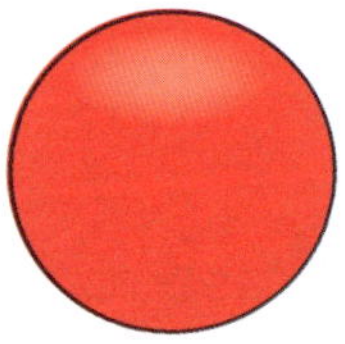

une ....

120 Révisions (8)

Calcul mental

....	....	....	....	....	....

1 **Écris** les nombres en chiffres ou en lettres.

quatre-vingt-onze : ....
quatre-vingt-quatorze : ....
quatre-vingt-huit : ....
quatre-vingt-treize : ....

90 : ....
99 : ....
93 : ....
96 : ....

2 **Complète** les additions.

95 = ... + 15 | 93 = 80 + ...
92 = ... + 2 | 96 = 90 + ...

3 **Calcule** en ligne.

38 + 20 = ... | 89 − 40 = ...
65 + 30 = ... | 92 − 50 = ...

4 **Calcule** l'addition.

retenue

	+	
	5	7
+	2	5
	.	.

5 **Pose** et **calcule** l'addition.

55 + 27 + 16
= .....

6 **Complète** pour avoir 100.

40 + ... = 100 | 20 + ... = 100 | 10 + ... = 100 | 80 + ... = 100
100 = ... + 70 | 100 = 50 + ... | 100 = 60 + ... | 100 = 90 + ...

121 Comparaison des nombres de 0 à 100 (1)

Compétences : Comparer des nombres ≤ 100. Positionner des nombres sur une bande numérique graduée. Donner le nombre qui suit ou qui précède.
Calcul mental : Calculer la somme de 2 nombres à 2 chiffres sans retenue.
Photofiches : Parcours **A** p. 112 – Parcours **B** p. 113

1 **Écris** les nombres en chiffres sur la bande numérique.

vingt-sept	quarante-sept	quatre-vingt-neuf
quatre-vingt-un	dix-neuf	quatre-vingt-dix-sept

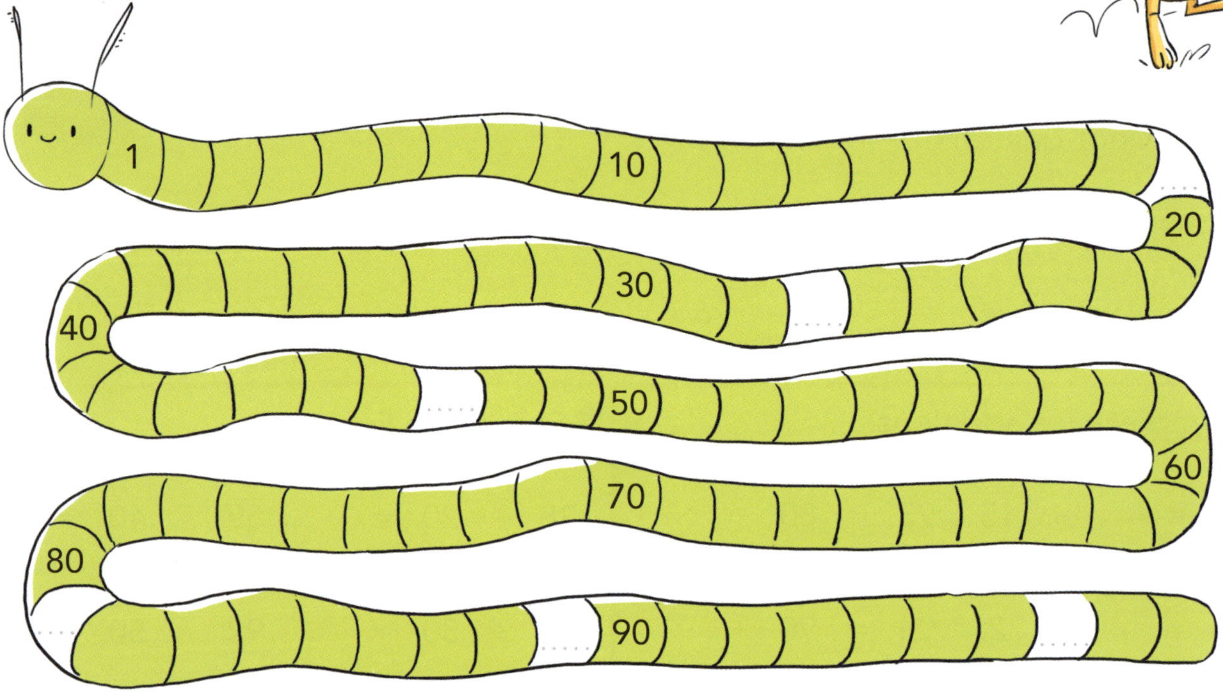

Compare les nombres de la bande numérique avec **<** ou **>**.

quatre-vingt-un .... quarante-sept

quatre-vingt-neuf .... quatre-vingt-dix-sept

2 **Écris** le nombre qui vient **juste avant** ou **juste après**.

- juste avant : .... < 90 .... < 70 .... < 100
- juste après : 99 < .... 79 < .... 89 < ....

3 **Range** les nombres dans la bonne colonne.

95 – 57 – 84 – 65 – 72 – 48

4 dizaines	5 dizaines	6 dizaines	7 dizaines	8 dizaines	9 dizaines
....	....	....	....	....	....

122 Comparaison des nombres de 0 à 100 (2)

Compétences : Comparer, ordonner et encadrer des nombres ≤ 100.
Calcul mental : Décomposer additivement l'un des termes d'une somme de 2 nombres pour faciliter le calcul.
Photofiches : Parcours **A** p. 112 – Parcours **B** p. 113

....

1 Alain, Gabin, Pierre, Lola et Nicole sont nés le même jour mais ils n'ont pas le même âge.

Alain Gabin Pierre Lola Nicole

Complète les phrases avec **plus** ou **moins**.

Pierre est .... âgé que Nicole et .... âgé qu'Alain.

Gabin est .... âgé que Lola et .... âgé que Pierre.

Alain est .... âgé que Lola et .... âgé que Nicole.

Range ces personnes de la plus âgée à la plus jeune.

....

2 **Écris** le nombre qui est **entre**.

$59 < \dots\dots < 61$ | $87 < \dots\dots < 89$ | $79 < \dots\dots < 81$

$65 < \dots\dots < 67$ | $98 < \dots\dots < 100$ | $89 < \dots\dots < 91$

3 **Compare** avec les signes **<**, **>** ou **=**.

50 + 9 61	80 + 6 68	74 .... 60 + 4	71 .... 60 + 7
80 + 20 100	60 + 12 62	50 + 30 80	20 + 20 + 20 .... 40 + 20

4 **Écris** les nombres sur la droite numérique.

54 – 87 – 28 – 99 – 71 – 13 – 65

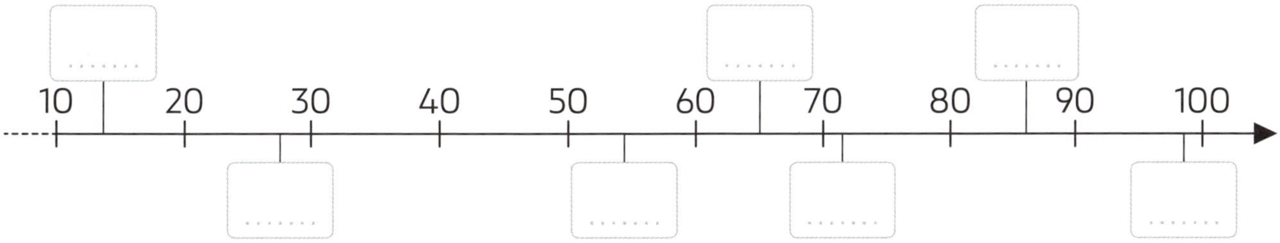

123 Calcul en ligne : additionner 2 nombres avec retenue

Compétences : Calculer en ligne. Utiliser des procédures et des propriétés : décomposer additivement, changer l'ordre des termes.
Calcul mental : S'entraîner sur la table d'addition de 8.
Photofiches : Parcours **A** et **B** p. 114

…… …… …… …… ……

1 Le club de judo et le club de rugby organisent un lâcher de ballons.
Calcule le nombre total de ballons.

28 au judo

36 au rugby

ballons verts …… + ballons rouges …… + ballons verts …… + ballons rouges ……

ballons verts judo …… + ballons verts rugby …… + ballons rouges judo …… + ballons rouges rugby ……

…… + ……

……

2 **Calcule** en regroupant les dizaines d'un côté et les unités de l'autre.

…… ……

…… + …… + …… + ……

…… + …… + …… + ……

…… + …… = ……

2 8 + 1 7

…… + …… + …… + ……

…… + …… + …… + ……

…… + …… = ……

3 **Calcule** les additions en ligne.

- 24 + 19 = ……
- 47 + 36 = ……
- 32 + 29 = ……
- 58 + 14 = ……

124 L'addition posée à retenue (5)

Compétence : Calculer une addition de trois nombres à 2 chiffres avec retenue.
Calcul mental : Calculer la somme d'un nombre à 2 chiffres et d'un nombre à 1 chiffre avec franchissement de la dizaine.
Photofiches : Parcours **A** et **B** p. 115

1 Lola, Noé et Samia ont calculé la même addition.
Barre les opérations fausses.

Lola			Noé			Samia		
				+ 1			+ 1	
	1	8		1	8		1	8
+	2	2	+	2	2	+	2	2
+	4	9	+	4	9	+	4	9
	7	9		7	9		8	9

Écris le nom de l'enfant qui a trouvé le bon résultat.

C'est .... qui a trouvé le bon résultat.

Écris les noms des enfants qui ont commis une erreur.

- *C'est .... qui a oublié la retenue.*
- *C'est .... qui a noté la retenue mais ne l'a pas comptée.*

2 **Calcule** les additions.

	dizaines	unités
retenue	......	
	1	3
+	2	4
+	5	6
	.	.

retenue	......	
	3	1
+	2	5
+	4	3
	.	.

retenue	......	
	2	2
+	5	7
+	1	6
	.	.

Attention ! Il n'y a pas toujours de retenue !

3 **Pose** et **calcule** les additions.

22 + 18 + 38

45 + 14 + 26

53 + 24 + 21

125 Les doubles des longueurs

Compétences : Mesurer et identifier les doubles des longueurs.
Calcul mental : Soustraire un nombre à 1 chiffre à un nombre à 2 chiffres sans retenue.
Photofiches : Parcours **A** p. 116 – Parcours **B** p. 117

1 **Observe** ces 5 bandes. **Mesure**-les et **écris** leur mesure en cm.

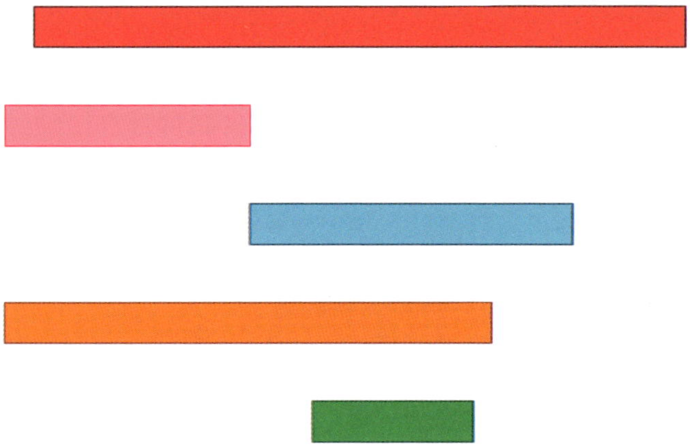

Bandes	Mesures en cm
rouge	....
rose	....
bleue	....
orange	....
verte	....

Complète les phrases.

- La bande qui mesure le double de la bande verte est la bande ....
- La bande qui mesure le double de la bande bleue est la bande ....
- La bande qui mesure le double de la bande rose est la bande ....

2 Lola a tracé ce segment.
Mesure les segments de ses amis.

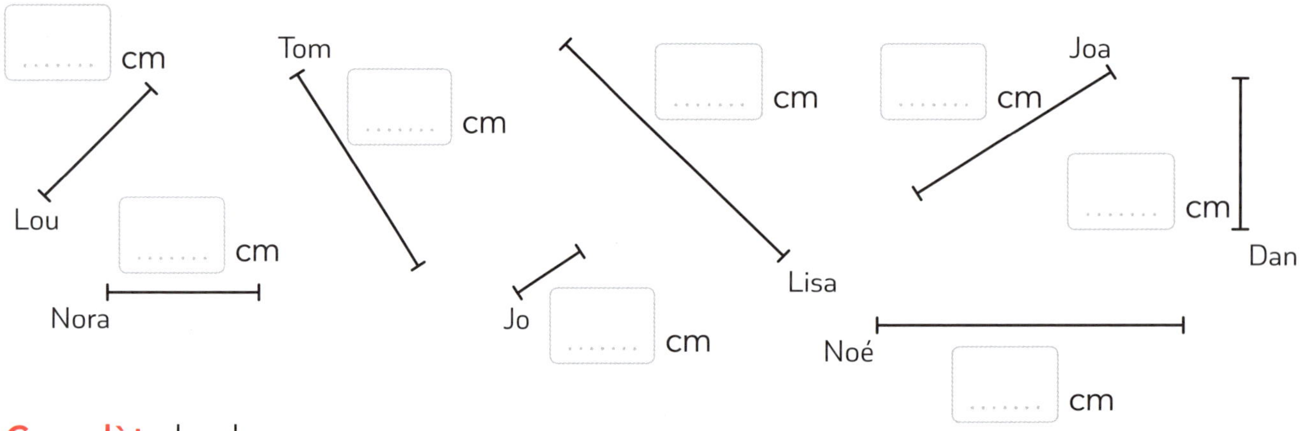

Complète la phrase.

Les enfants qui ont tracé des segments qui ont le double de la mesure du segment de Lola sont : ....

126 Les moitiés des longueurs

Compétences : Mesurer et identifier les moitiés des longueurs.
Calcul mental : Calculer la somme de 2 nombres à 2 chiffres sans retenue.
Photofiches : Parcours **A** p. 116 – Parcours **B** p. 117

1 Pour jardiner, Noé doit classer les tuteurs en mettant ensemble chaque tuteur et sa moitié. **Complète** son classement.

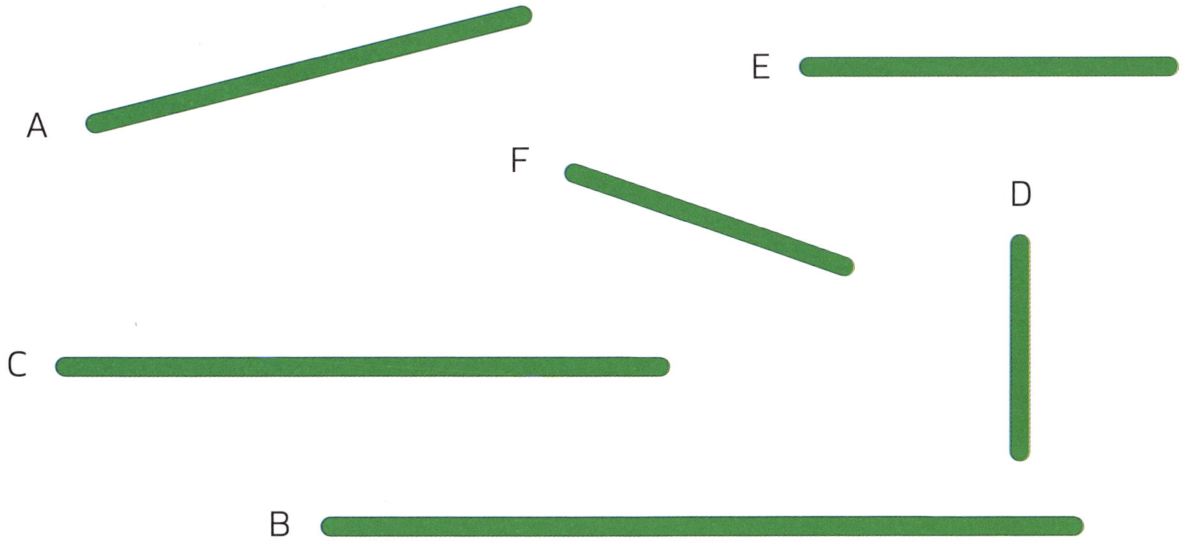

A et sa moitié .... B et sa moitié .... C et sa moitié ....

2 **Mesure** les segments, puis **complète**.

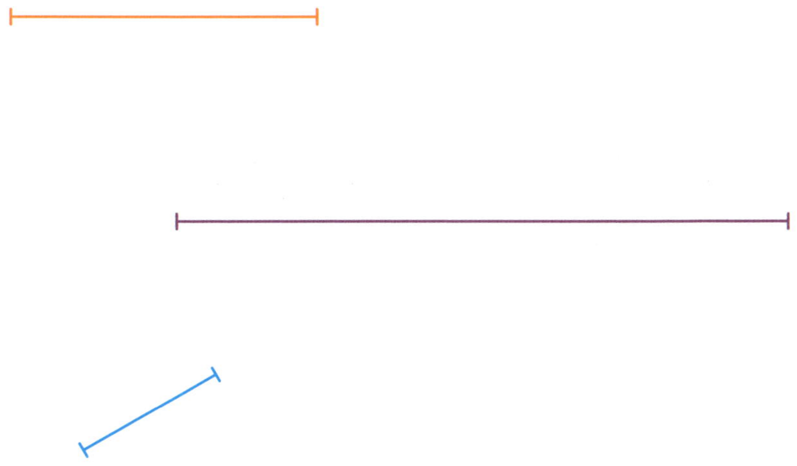

- moitié du segment **violet** = ... cm
- moitié du segment **orange** = ... cm
- moitié du segment **bleu** = ... cm

3 **Mesure** les segments. **Trace** un segment de la moitié de chaque longueur.

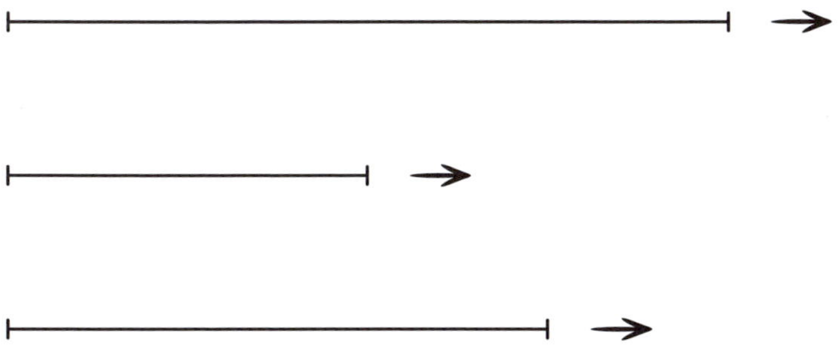

127 Problèmes du champ additif (5)

Compétence : Résoudre des problèmes du champ additif à une étape.
Calcul mental : Trouver le nombre pensé.
Photofiches : Parcours **A** p. 118 – Parcours **B** p. 119

....

1 Il y avait 36 vélos disponibles ce matin.
23 vélos ont déjà été empruntés.
Combien reste-t-il de vélos ?

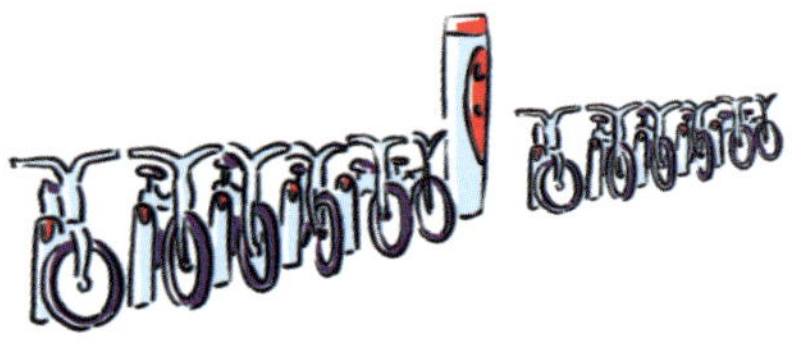

Complète le schéma pour comprendre le problème.

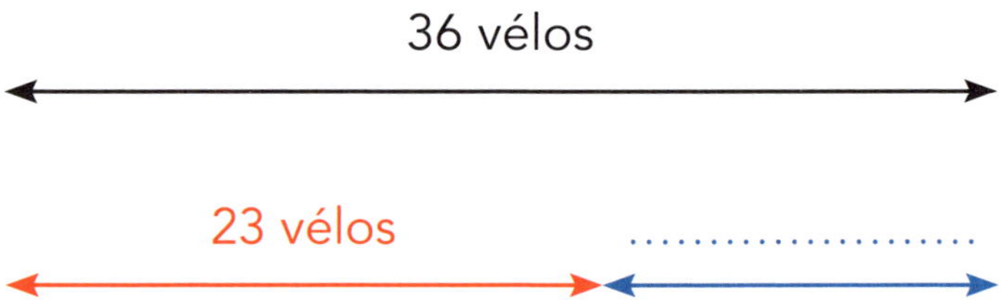

Écris l'opération.

.... = ...

Écris la phrase réponse.

Il reste .... vélos .

2 Noé a acheté une console, une manette et une clé USB.
Combien a-t-il dépensé ?

Complète le schéma.

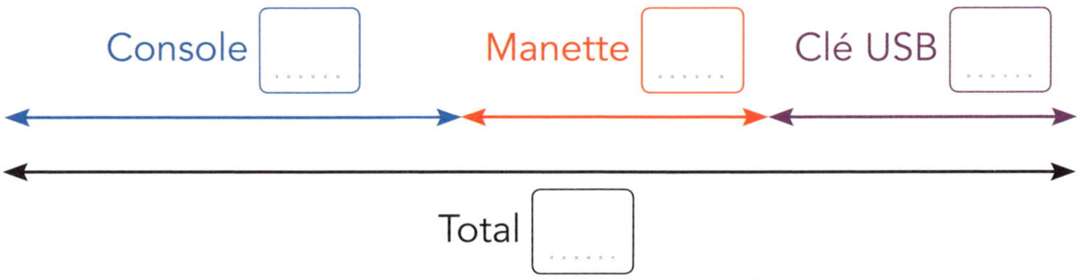

Écris l'opération.

....

Écris la phrase réponse.

Noé ....

....

Fais tes essais.

128 Problèmes du champ multiplicatif (3)

Compétence : Résoudre des problèmes du champ multiplicatif en mobilisant les connaissances du champ additif ou en manipulant.
Calcul mental : Calculer le double de longueurs ≤ 10 cm.
Photofiches : Parcours **A** p. 118 – Parcours **B** p. 119

1 Dans la classe de Lola, il y a 30 élèves.
Pour la séance de gymnastique, la maîtresse fait 6 équipes.
Combien y a-t-il d'élèves par équipe ?

Écris ton opération.

.... = ...

Écris la phrase réponse.

....

2 Lola et Noé font un stage de voile. Les 24 enfants doivent monter à 3 par bateau.
Combien de bateaux vont-ils utiliser ?
Colorie de la même couleur les enfants qui montent dans le même bateau.

Écris ton opération.

....

Écris la phrase réponse.

....

3 Lola apporte 3 paquets de bonbons contenant chacun 8 bonbons.

- **1er problème :**

Combien Lola a-t-elle de bonbons au total ?

Écris ton opération.

....

Écris la phrase réponse.

....

....

- **2nd problème :**

Il y a 23 élèves dans la classe.
Chaque élève aura-t-il un bonbon ?

Écris ton opération.

....

Écris la phrase réponse.

....

....

129 Lecture de l'heure (1)

Compétences : Lire l'heure sur une horloge à aiguilles en heures entières. Associer les heures à un moment de la journée. Utiliser le lexique : « avant, après, plus tôt, plus tard ».
Calcul mental : Calculer la moitié de longueurs ≤ 20 cm.
Photofiches : Parcours **A** p. 120 – Parcours **B** p. 121

1 Noé explique : « Je regarde le nombre indiqué par la petite aiguille rouge. »
Complète l'heure indiquée par chaque horloge.

petit déjeuner

Il est .... heures du matin.

récréation

Il est .... heures du matin.

déjeuner

Il est .... heures ou midi.

2 **Complète** les phrases avec *avant* ou *après*.

Le déjeuner est .... l'école du matin.
Le petit déjeuner est .... l'école du matin.

3 Lola regarde les heures de l'après-midi.
Complète l'heure indiquée par chaque horloge.

école

Il est .... heures de l'après-midi.

goûter

Il est .... heures de l'après-midi.

dîner

Il est .... heures du soir.

4 **Complète** les phrases avec *plus tôt* ou *plus tard*.

- *Le petit déjeuner est .... que le déjeuner.*
- *Le dîner est .... que le déjeuner.*
- *Le goûter est .... que le déjeuner.*
- *Le goûter est .... que le dîner.*

130 Lecture de l'heure (2)

Compétences : Positionner la petite aiguille, l'heure étant donnée. Lire les heures à partir de deux types de supports : analogique ou digital.
Calcul mental : Découvrir et utiliser des procédures pour calculer un « compte est bon ».
Photofiches : Parcours **A** p. 120 – Parcours **B** p. 121

1 Lola et Noé ont noté l'heure de leurs activités à l'école.
Dessine la petite aiguille pour chaque activité.

9 heures du matin
mathématiques

11 h du matin
écriture

3 h de l'après-midi
sport

2 Noé a un réveil avec affichage en chiffres.
Relie chaque horloge au réveil qui convient.

9:00	12:00	10:00	7:00

3 **Relie** les mêmes heures.

	8:00	2 heures	4 h 00
	4:00	8 heures	2 h 00
	2:00	4 heures	8 h 00

131 Calcul en ligne : décomposer pour mieux additionner

Compétence : Décomposer les nombres d'une somme pour faciliter le calcul.
Calcul mental : Nommer et écrire le nombre qui précède et/ou qui suit un nombre donné ≤ 100.
Photofiches : Parcours **A** et **B** p. 122

1 Lola et Noé mettent leur argent en commun pour offrir un cadeau à la maîtresse.

Calcule la somme totale de 2 façons différentes.

1re méthode

Lola — Noé

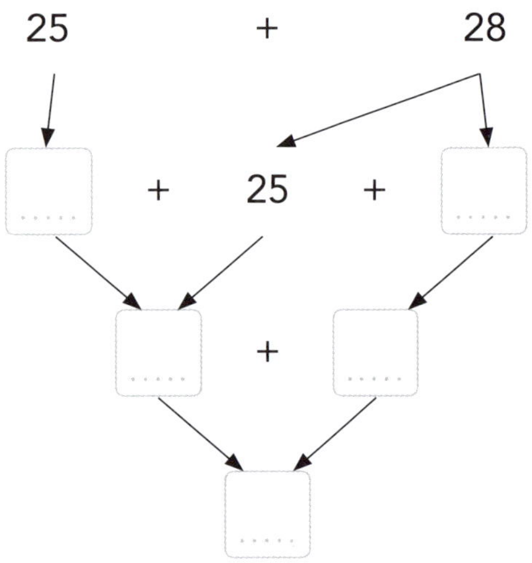

2nde méthode

Lola — Noé

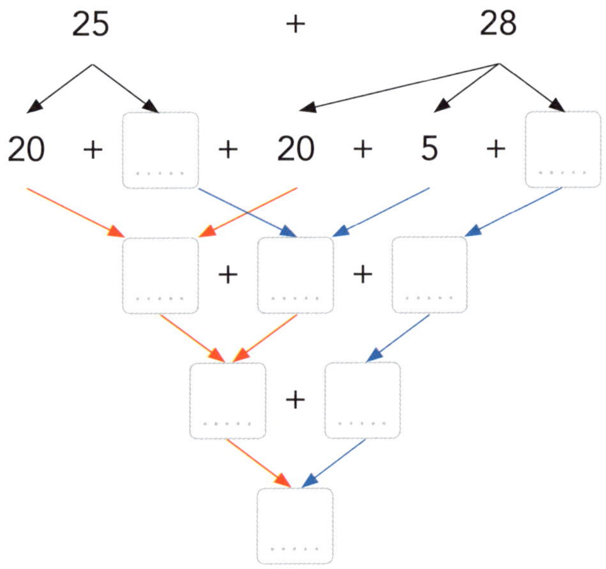

Complète. *À eux deux, ils possèdent .... €.*

2 **Décompose** les nombres pour effectuer l'addition **15 + 17** avec les 2 méthodes.

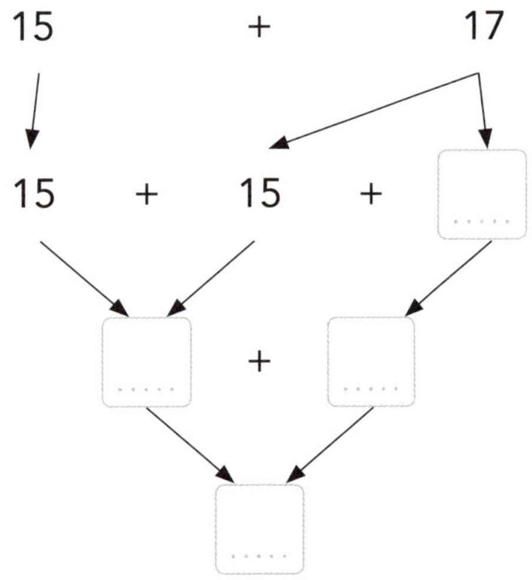

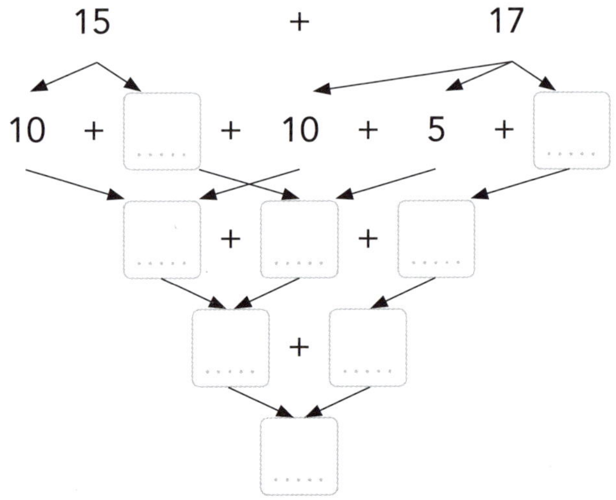

132 Problèmes additifs de plus de 2 termes

Compétences : Résoudre des problèmes du champ additif de plus de 2 termes. Modéliser les problèmes à l'aide de schémas et d'écritures mathématiques.
Calcul mental : Calculer la somme de 2 nombres à 2 chiffres sans retenue.
Photofiches : Parcours **A** et **B** p. 123

....

1 Le papa de Lola fait des achats pour le départ en classe de mer.
Voici ce qu'il achète.

18 €

25 €

10 €

Combien a-t-il dépensé ?

Complète le schéma.

Serviette ...... Maillot ...... Lunettes ......

Total ......

Écris l'opération.

....

Écris la phrase réponse.

Il a dépensé ....

Fais tes essais.

2 Le cuisinier prépare une salade de fruits.
Il mélange 24 pommes, 12 bananes, 8 mangues et 15 pêches.
Calcule le nombre total de fruits utilisés.

Complète le schéma.

Pommes 24 Bananes ...... Mangues ...... Pêches ......

Total de fruits ?

Écris l'opération.

....

Écris la phrase réponse.

Il a dépensé ....

Fais tes essais.

133 Problèmes pour apprendre à chercher (5)

Compétences : S'engager dans une démarche de résolution de problème en émettant des hypothèses, en les testant, en essayant plusieurs pistes, en exposant sa démarche de recherche.
Calcul mental : S'entraîner sur la table d'addition de 9 avec des résultats ≤ 14.

Le confiseur a 30 chocolats à mettre en boîtes.
Il dispose de boîtes pour 6, 10 ou 12 chocolats.
Comment peut-il ranger les 30 chocolats dans les boîtes ?

Tu vas chercher 3 possibilités différentes.

Fais tes essais.

- **1re possibilité :**

Écris ta réponse dans le tableau.

	Boîte(s) de 6 chocolats	Boîte(s) de 10 chocolats	Boîte(s) de 12 chocolats
Nombre de boîtes	....	....	....

- **2e possibilité :**

Écris ta réponse dans le tableau.

	Boîte(s) de 6 chocolats	Boîte(s) de 10 chocolats	Boîte(s) de 12 chocolats
Nombre de boîtes	....	....	....

- **3e possibilité :**

Écris ta réponse dans le tableau.

	Boîte(s) de 6 chocolats	Boîte(s) de 10 chocolats	Boîte(s) de 12 chocolats
Nombre de boîtes	....	....	....

Révisions (9)

Calcul mental

....

1 **Écris** le nombre qui est **entre**.

81 < .... < 83 | 98 < .... < 100

75 < .... < 77 | 68 < .... < 70

2 **Compare** avec les signes **<**, **>** ou **=**.

60 + 9 .... 61 | 80 + 6 88

74 .... 60 + 4 | 91 .... 80 + 11

3 **Calcule** en regroupant les dizaines d'un côté et les unités de l'autre.

43 + 39

.... + ... + ... + ...

.... + ... + ... + ...

.... + ... = ...

4 **Pose** et **calcule** l'addition.

43 + 18 + 37 = ...

5 **Mesure** les segments et **trace** les segments demandés.

Trace le double du segment.

Trace la moitié du segment.

6 **Relie** les heures identiques.

 • | • 6:00 • | • 10 heures • | • 6 h 00

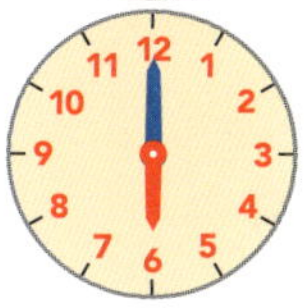 • | • 10:00 • | • 6 heures • | • 10 h 00

135 Les nombres de 0 à 99 : révision

Compétences : Connaître et associer entre elles diverses représentations d'un nombre. Connaître la valeur des chiffres en fonction de leur position dans le nombre.
Calcul mental : S'entraîner sur la table d'addition de 9.
Photofiches : Parcours **A** et **B** p. 124

....

1 **Écris** les nombres indiqués dans la grille de mots croisés.

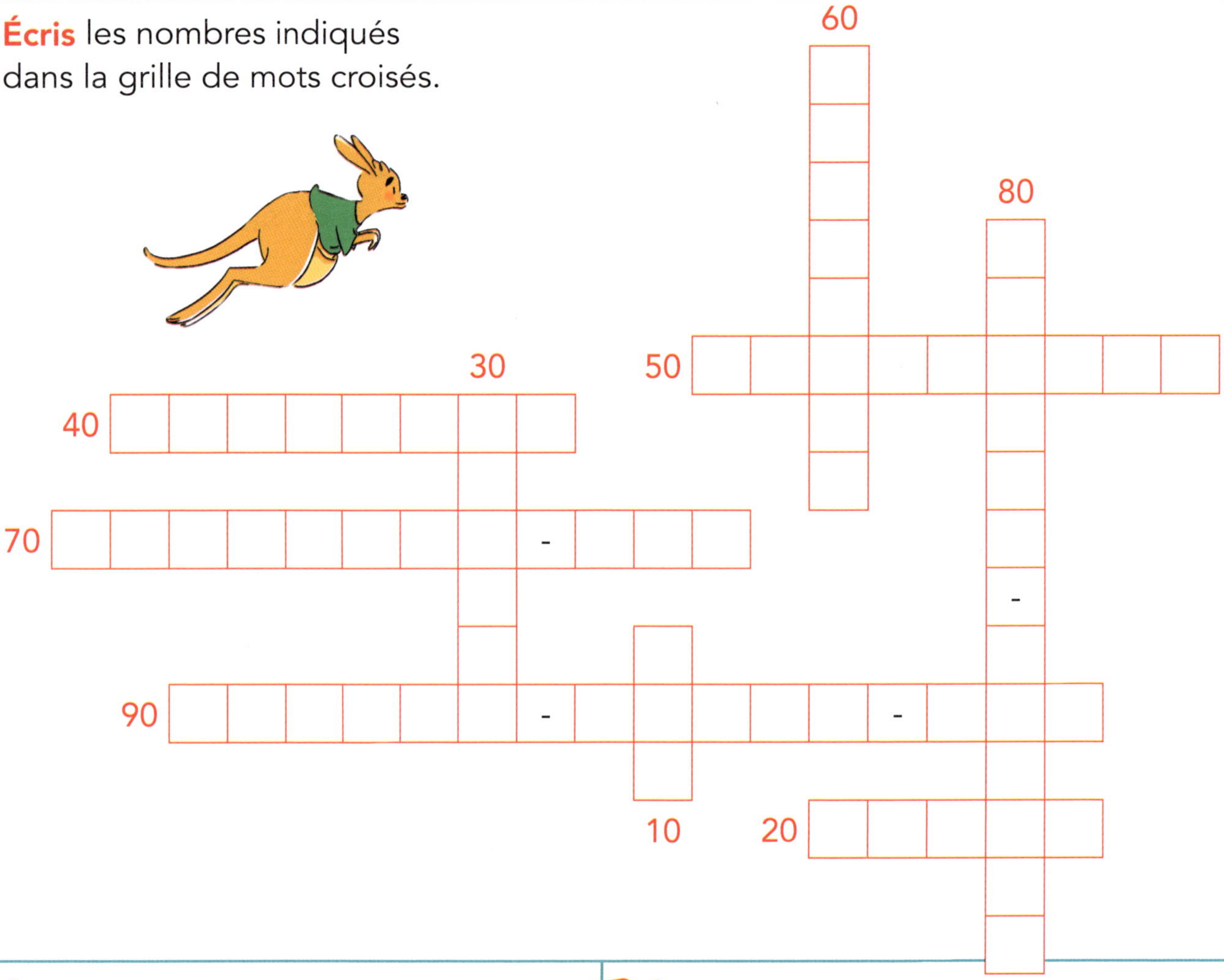

2 **Écris** les nombres en chiffres.

- soixante-sept ......
- quarante-trois ......
- vingt et un ......
- quatre-vingt-seize ......
- soixante-quatorze ......

3 **Écris** les nombres en lettres.

- 25 ....
- 52 ....
- 86 ....
- 93 ....
- 64 ....

4 **Entoure** le bon nombre.

- trente-six : 63 36
- soixante-quinze : 75 57
- quarante-neuf : 49 94

5 **Écris** les doubles des nombres.

4 → .... 6 → .... 8 → .... 5 → ....

Écris les moitiés des nombres.

4 → .... 6 → .... 14 → .... 18 → ....

136 Comparaison des nombres de 0 à 99

Compétences : Comparer, intercaler et ranger des nombres ≤ 99.
Calcul mental : Calculer la somme d'un nombre à 2 chiffres et d'un nombre à 1 chiffre avec franchissement de la dizaine.
Photofiches : Parcours **A** p. 125 – Parcours **B** p. 126

....

1 Lola, Noé et Samia jouent aux fléchettes. **Écris** le score de chaque enfant.

10 points (rouge) 1 point (bleu)

Lola

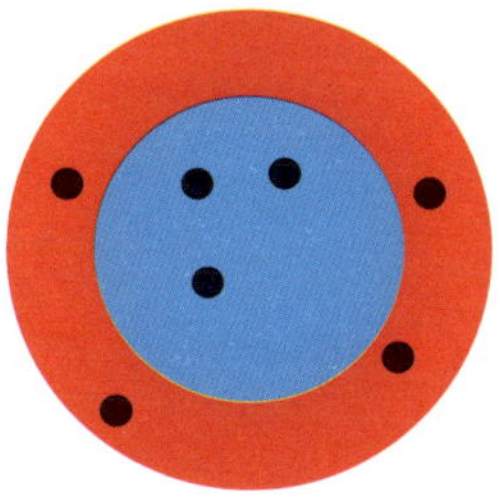

Noé

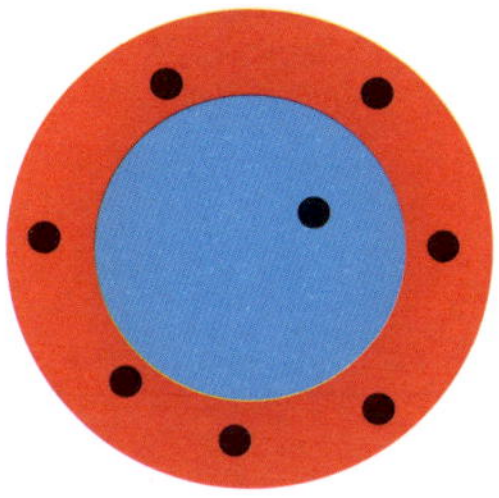

Samia

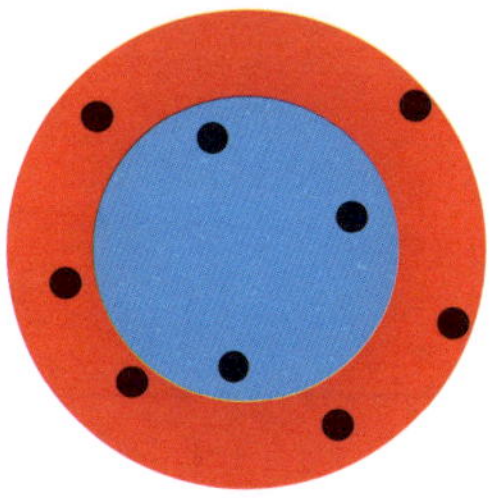

Score de Lola : ......   Score de Noé : ......   Score de Samia : ......

Qui a gagné ? ....

Qui a perdu ? ....

2 **Compare** avec **<**, **>** ou **=**.

- 65 35
- 29 31
- 83 93
- 60 + 6 ...... 60 + 4
- 80 + 9 89
- 60 + 12 72

3 **Écris** dans l'ordre **décroissant** les 15 nombres qui sont :

- avant 70 : ....
- avant 95 : ....

4 **Range** les nombres.

dans l'ordre **croissant** :

48 – 35 – 73 – 29 – 86

....

dans l'ordre **décroissant** :

45 – 99 – 78 – 32 – 19

....

5 **Écris** le nombre qui est **entre**.

- 60 < ...... < 62
- 60 < ...... < 62
- 78 < ...... < 80
- 97 < ...... < 99
- 39 < ...... < 41
- 89 < ...... < 91

6 **Complète** chaque comparaison avec un nombre de ton choix.

- ...... < 40
- 60 > ......
- 30 + 5 < ......
- 90 + 3 < ......
- ...... > 20 + 70
- ...... < 50 + 30

137 Calcul en ligne : organiser les nombres pour mieux additionner

Compétence : Utiliser les décompositions additives pour effectuer un calcul en ligne.
Calcul mental : Additionner et soustraire des dizaines entières à un nombre à 2 chiffres.
Photofiches : Parcours **A** et **B** p. 127

....

1 **Complète** les calculs pour aller à la dizaine supérieure.

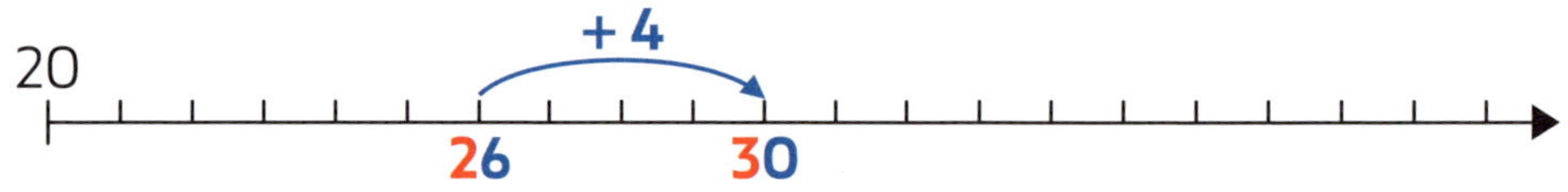

26 + 4 = ...

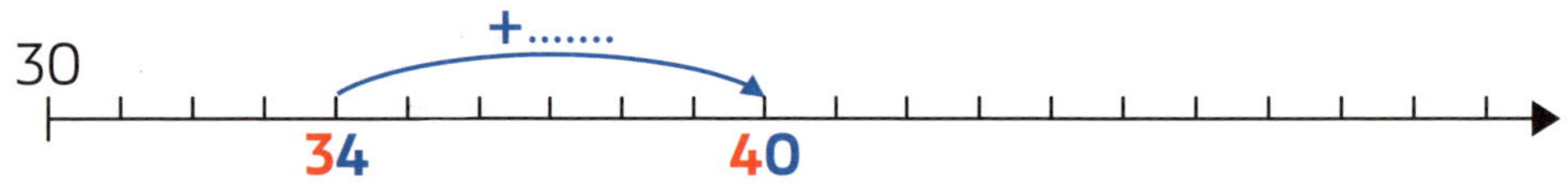

34 + 6 = ...

15 + 5 = ... | 56 + 4 = ... | 27 + 3 = ... | 44 + 6 = ...

2 **Calcule** en ligne en passant par la dizaine supérieure.

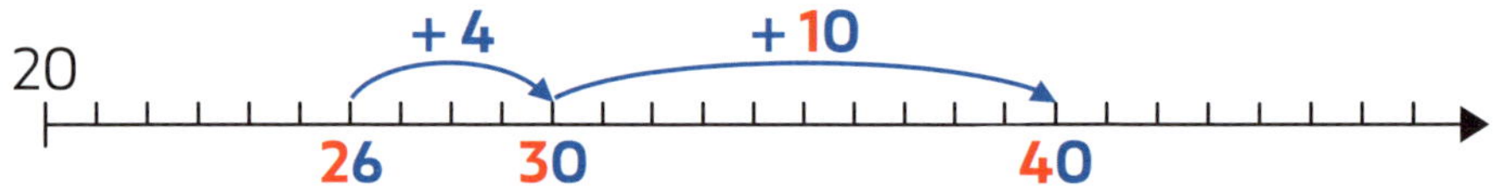

26 + 14 = 26 + 4 + 10
26 + 14 = ... + 10
26 + 14 = ...

27 + 13 = 27 + 3 + ...
27 + 13 = ... + ...
27 + 13 = ...

34 + 16 = 34 + ... + ...
34 + 16 = ... + ...
34 + 16 = ...

3 **Calcule** en ligne.

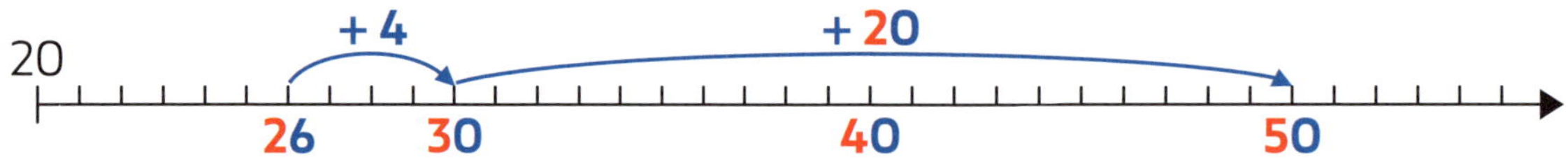

26 + 24 = 26 + ... + ... = ...

18 + 22 =
18 + ... + ... = ...

36 + 24 =
36 + ... + ... = ...

23 + 47 =
23 + ... + ... = ...

138 Reproduction de figures sur papier quadrillé (2)

Compétence : Reproduire une figure composée de triangles et de rectangles sur papier quadrillé.
Calcul mental : Nommer et écrire en chiffres et en lettres des nombres ≤ 100 énoncés en unités de numération.
Photofiches : Parcours **A** et **B** p. 128

1 **Reproduis** la fusée de Noé sur le quadrillage de droite.

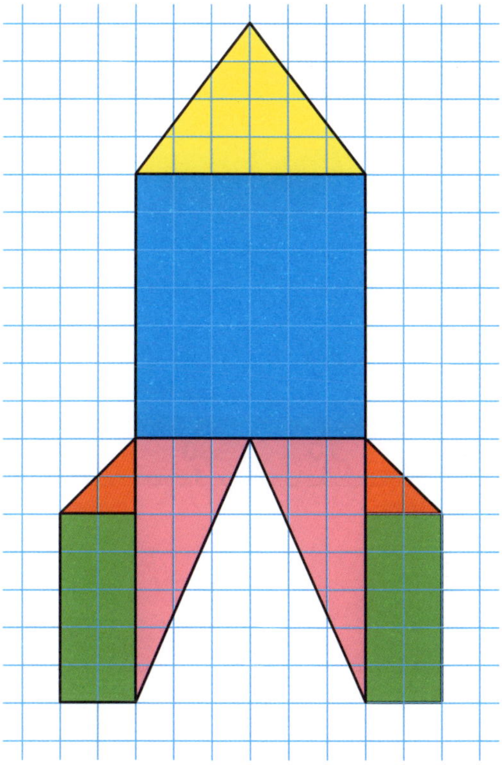

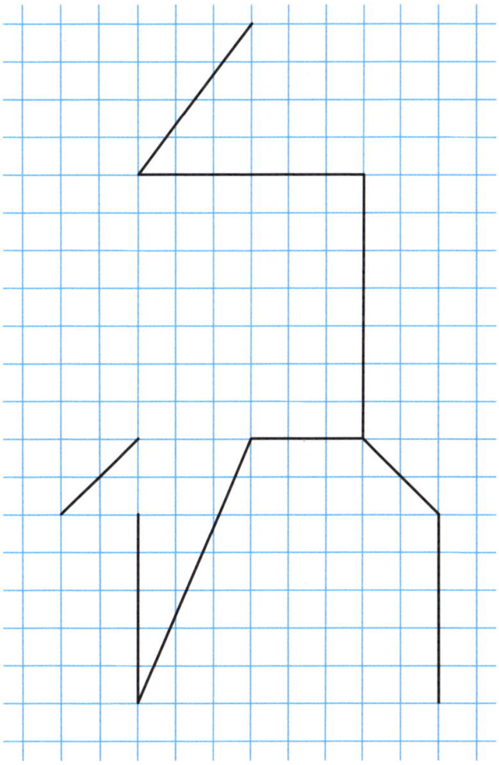

2 **Reproduis** la maison de Lola.

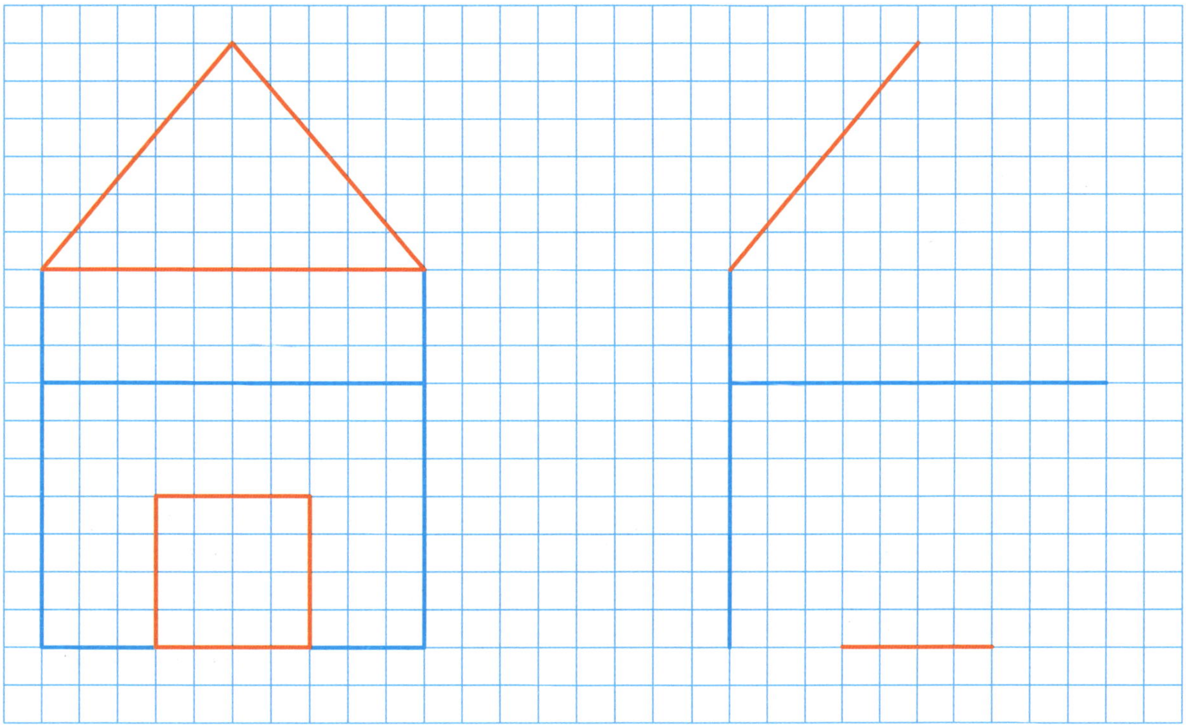

139 Des longueurs de référence : m, dm et cm

Compétences : Comparer et estimer une longueur par rapport aux longueurs repères : m, dm et cm.
Calcul mental : Nommer et écrire en chiffres des nombres ≤ 100 énoncés sous la forme d'une décomposition en dizaines et unités.
Photofiches : Parcours **A** et **B** p. 129

1 **Observe** les outils de géométrie.

La règle de la classe mesure 1 m.

Le double décimètre de Noé mesure 20 cm.

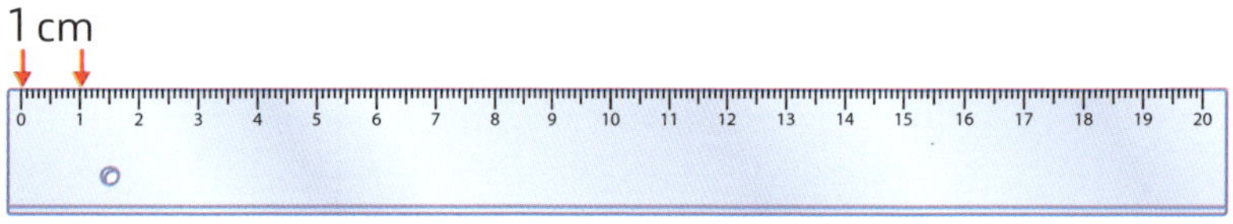

Noé compare sa règle avec celle de la classe.

Complète la phrase avec *plus long, plus court, double.*

Le .... décimètre est .... que le mètre et .... que le centimètre.

Complète avec **<** ou **>**.

- 1 m .... 1 cm
- 1 cm .... dm
- 1 m .... 1 dm

2 **Colorie** la bonne mesure.

3 cm	3 m	3 dm

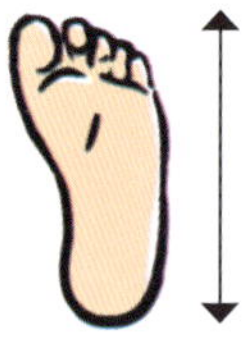

2 cm	2 m	2 dm

29 cm	29 m	29 dm

3 **Complète** avec **m**, **dm** ou **cm**.

15 ....

4 ....

2 ....

140 Heures et moments de la journée

Compétence : Associer les heures aux moments de la journée.
Calcul mental : Calculer des sommes, des différences et des compléments.
Photofiches : Parcours **A** et **B** p. 130

1 **Observe** les moments de la matinée de Lola.
Entoure l'heure correspondant à chaque dessin.
Dessine la petite aiguille sur chaque horloge.

la matinée

Lola dort.

2 h ou 12 h
du matin

Lola se réveille.

7 h ou 10 h
du matin

Lola va à l'école.

8 h ou 11 h
du matin

Lola est en récréation.

9 h ou 10 h
du matin

2 **Relie** chaque horloge au moment de l'après-midi ou du soir qui convient.
Écris les heures.

repas à la cantine

...... h 00
de l'après-midi

récréation

...... h 00
de l'après-midi

goûter

...... h 00
de l'après-midi

dîner

...... h 00
du soir

brossage des dents

...... h 00
du soir

141 Problèmes du champ multiplicatif (4)

Compétence : Résoudre des problèmes du champ multiplicatif en utilisant les connaissances du champ additif ou en manipulant.
Calcul mental : Additionner 2 nombres à 2 chiffres sans retenue.
Photofiches : Parcours **A** p. 131 – Parcours **B** p. 132

1 Lola, Noé, Teddy et Samia se partagent des figurines.
Combien en auront-ils chacun ?

Écris ton opération.

....

Écris la phrase réponse.

....

2 Pour fêter son anniversaire, le papa de Noé achète 6 boîtes de 5 bougies.
Combien de bougies a-t-il achetées ?
Fais un dessin ou un schéma pour mieux comprendre le problème.

Écris ton opération.

....

Écris la phrase réponse.

....

3 Lola a 24 jetons. Elle les range dans 6 boîtes. Elle met autant de jetons dans chaque boîte. Combien de jetons y aura-t-il dans chaque boîte ?
Fais un dessin pour mieux comprendre le problème.

Écris ton opération.

....

Écris la phrase réponse.

....

142 Problèmes du champ multiplicatif (5)

Compétence : Résoudre des problèmes du champ multiplicatif en mobilisant les connaissances du champ additif ou en manipulant.
Calcul mental : S'entraîner sur les tables d'addition de 5 à 9.
Photofiches : Parcours **A** p. 131 – Parcours **B** p. 132

1 Pour le goûter, Lola apporte 5 paquets de gâteaux.
Chaque paquet contient 10 gâteaux.
Combien y a-t-il de gâteaux au total ?

Fais tes essais.

Écris ton opération et **calcule**.

....

Écris la phrase réponse.

....

....

2 Un pirate a caché 30 pièces d'or dans 3 coffres contenant chacun le même nombre de pièces.
Calcule le nombre total de pièces par coffre.

Écris ton opération et **calcule**.

....

Écris la phrase réponse.

....

3 La couturière prépare 5 rubans. Chaque ruban mesure 9 cm.
Quelle longueur de ruban utilise-t-elle ?

Écris ton opération et **calcule**.

....

Écris la phrase réponse.

....

....

Fais tes essais.

143 L'addition posée à retenue (6)

......	......	......	......	......

Compétences : Poser et calculer une addition de trois nombres à 2 chiffres avec retenue > 1.
Calcul mental : Décomposer additivement l'un des termes d'une somme de 2 nombres pour faciliter le calcul.
Photofiches : Parcours **A** et **B** p. 133

1 Regroupe les unités en dizaines et écris le résultat de l'addition.

+ ......

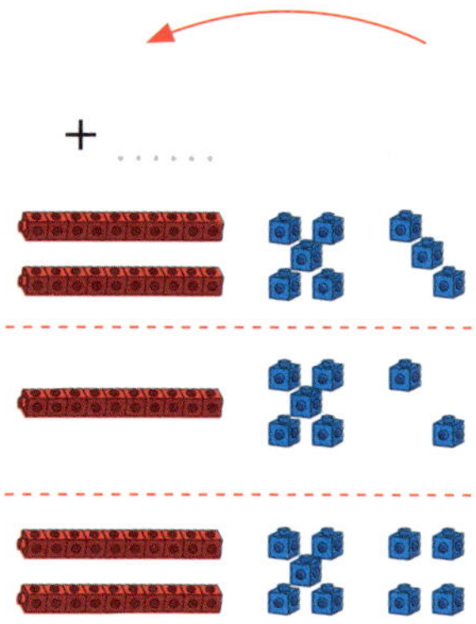

Calcule l'addition à retenues.

dizaines	unités
retenues + ...	
....	....
+	....
+	....
....	....

28 + 17 + 29 = ... dizaines et ...... unités = ...

2 Calcule les additions.

	dizaines	unités
retenues	......	
	2	6
+	3	8
+	2	7
	.	.

retenues	......	
	2	9
+	4	8
+	1	9
	.	.

retenues	......	
	1	5
+	2	9
+	3	6
	.	.

3 Pose et calcule les additions.

46 + 17 + 28

	3	1
+		
+		

54 + 13 + 27

32 + 29 + 25

Reproduction de figures sur papier pointé

Compétence : Reproduire sur papier pointé une figure composée de triangles, de carrés et de rectangles.
Calcul mental : Résoudre des problèmes impliquant des doubles.
Photofiches : Parcours **A** et **B** p. 134

1 Lola prépare une jolie carte pour l'anniversaire de Noé.
Elle veut reproduire cette bougie. Elle a déjà commencé à tracer les rectangles, les carrés et les triangles. **Continue** son travail.

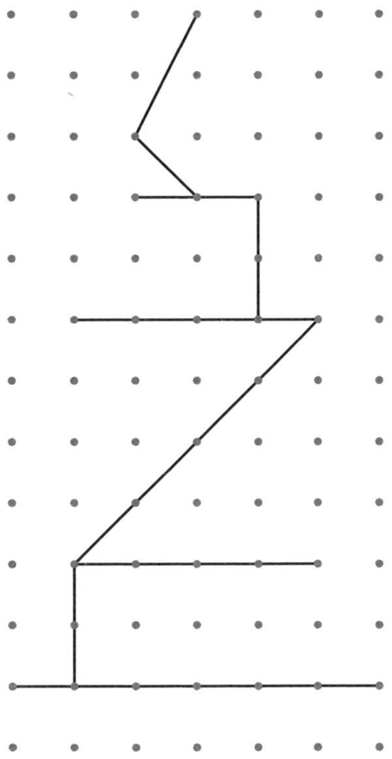

2 **Reproduis** le robot sur le papier pointé de droite.

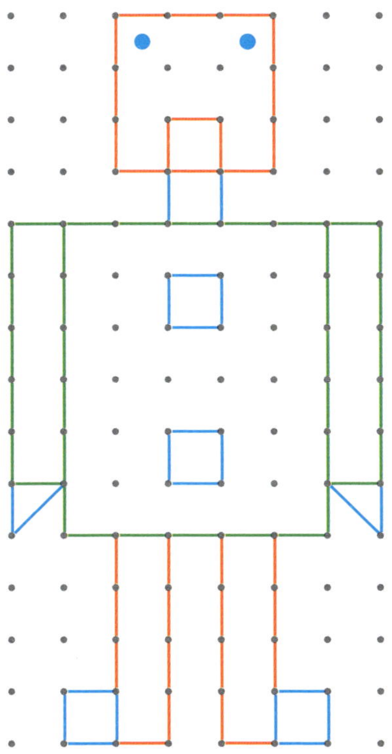

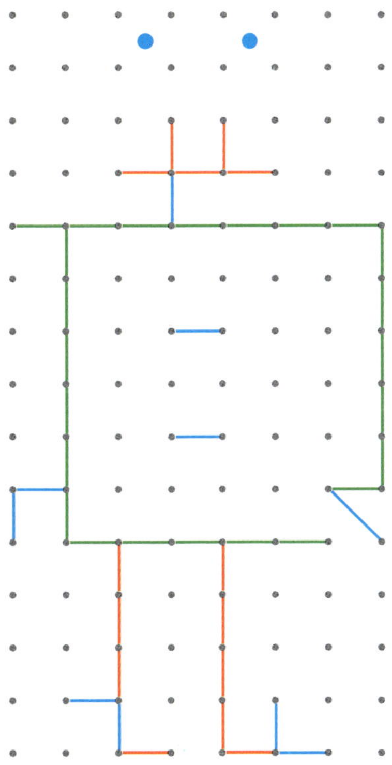

145 Problème à étapes (2)

Compétences : Résoudre un problème du champ additif à deux étapes. Modéliser les problèmes à l'aide de schémas et d'écritures mathématiques.
Calcul mental : Résoudre des problèmes impliquant des moitiés.
Photofiches : Parcours **A** p. 135 – Parcours **B** p. 136

Lola a un paquet de 48 gâteaux.
Elle donne 16 gâteaux à Noé et 11 gâteaux à Samia.
Combien de gâteaux lui reste-t-il ?

• **1re étape :** Combien de gâteaux Lola donne-t-elle en tout ?
Complète le schéma.

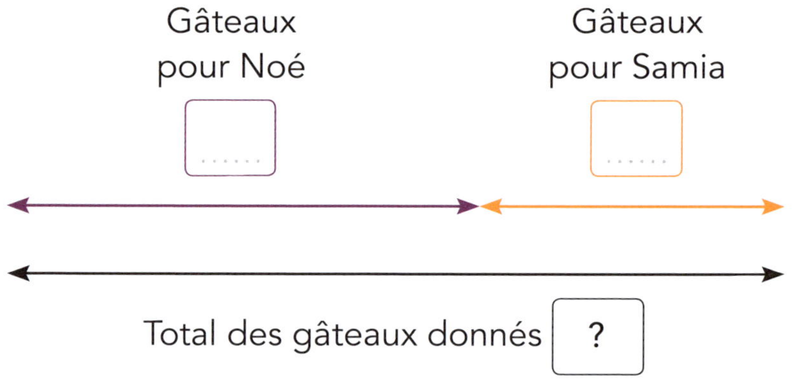

Écris l'opération.

....

Écris la phrase réponse.

....

• **2nde étape :** Combien de gâteaux reste-t-il à Lola ?
Complète le schéma.

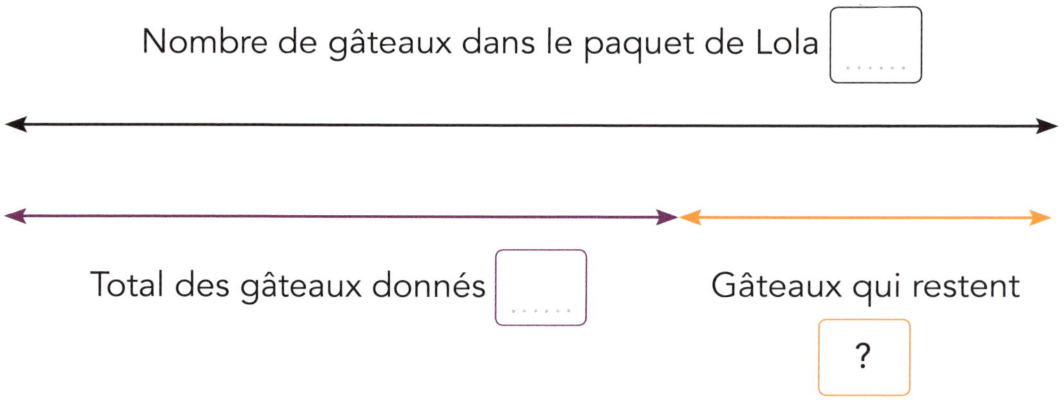

Écris l'opération.

....

Écris la phrase réponse.

....

146 Problème à étapes (3)

Compétences : Résoudre des problèmes du champ additif à deux étapes. Modéliser les problèmes à l'aide de schémas et d'écritures mathématiques.
Calcul mental : Utiliser des procédures pour calculer un « compte est bon ».
Photofiches : Parcours **A** p. 135 – Parcours **B** p. 136

La grand-mère de Lola fait 63 pots de confiture. Elle fait 32 pots de confiture de fraises et 18 pots de confiture de mirabelles. Les autres pots sont de la confiture d'abricot.

• **1re étape :** Combien y a-t-il de pots de confiture de fraises et de mirabelles ?
Complète le schéma.

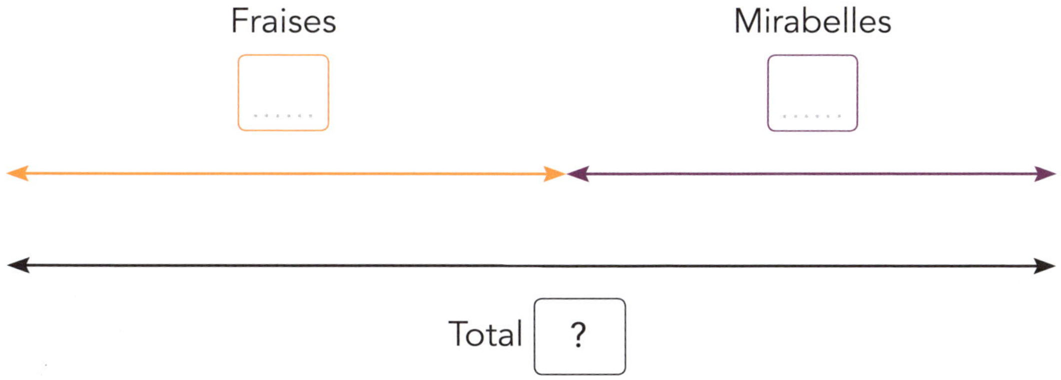

Écris l'opération.

Écris la phrase réponse.

• **2nde étape :** Combien y a-t-il de pots de confiture d'abricots ?
Complète le schéma.

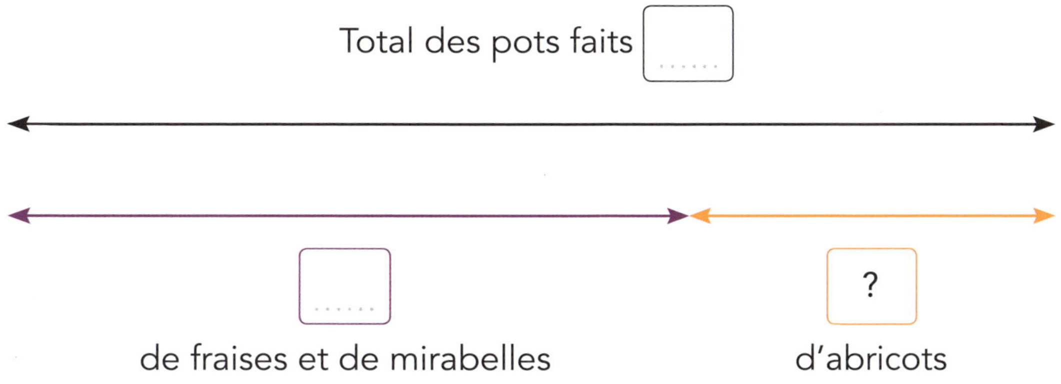

Écris l'opération.

Écris la phrase réponse.

147 Le cube

Compétences : Reconnaître, nommer et décrire le cube : nombre de faces, de sommets et forme des faces.
Calcul mental : Associer différemment les termes d'une somme pour faciliter le calcul.
Photofiches : Parcours **A** p. 137 – Parcours **B** p. 138

1 **Barre** les solides qui ne sont pas des cubes.

2 **Écris** le nombre de faces et de sommets du cube de Noé.

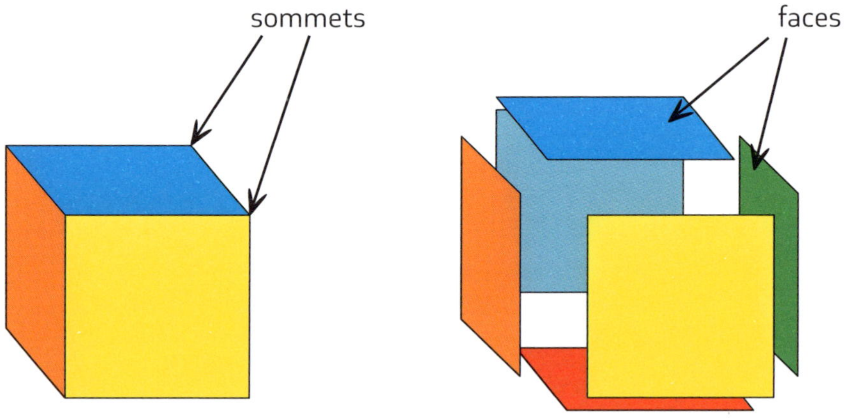

Le cube a .... faces.
Il a .... sommets.

3 Lola a utilisé les faces d'un cube pour tracer ces figures sur le quadrillage.
Quelle est la forme des faces du cube ? **Colorie** la bonne réponse.

des rectangles

des carrés

148 Le pavé droit

Compétences : Reconnaître, nommer et décrire le pavé droit : nombre de faces, de sommets et forme des faces.
Calcul mental : S'entraîner sur les tables d'addition de 2 à 9.
Photofiches : Parcours **A** p. 137 – Parcours **B** p. 138

Observe ces boîtes : ce sont des pavés droits.

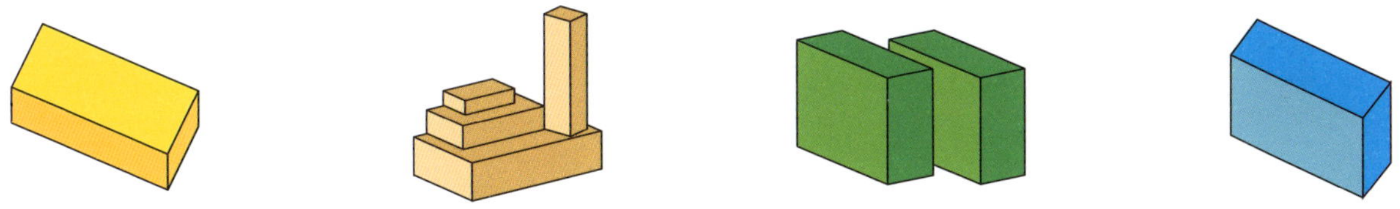

1 **Barre** les solides qui ne sont pas des pavés droits.

2 **Écris** le nombre de faces et de sommets du pavé droit.

Le pavé droit a .... faces. Il a .... sommets.

3 Noé a utilisé les faces d'un pavé droit pour tracer ces figures sur le quadrillage.
Quelle est la forme des faces de ce pavé droit ? **Colorie** la bonne réponse.

des rectangles

des carrés

149 Révision des nombres de 0 à 100

Compétences : Utiliser les diverses représentations des nombres de 0 à 100 et passer de l'une à l'autre. Connaître la valeur des chiffres en fonction de leur position dans le nombre.
Calcul mental : Additionner 2 nombres à 2 chiffres sans retenue.
Photofiches : Parcours **A** p. 139 – Parcours **B** p. 140

1 Écris les nombres en chiffres et en lettres.

....

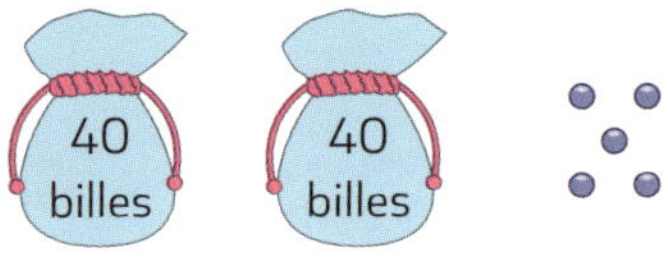

....

....

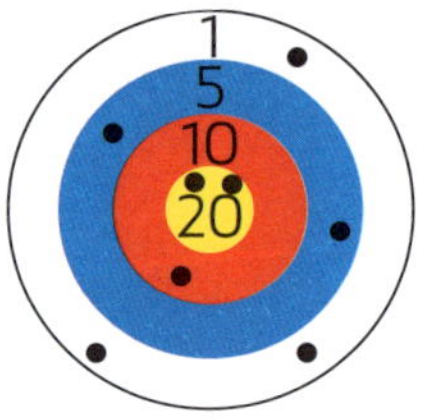

....

2 Écris en chiffres tous les nombres que tu peux faire avec les mots suivants. Il y en a 16 !

deux – vingt – dix – quatre – seize – soixante

....

....

3 Relie les nombres de 61 à 90 pour terminer le dessin.

150 Les mots pour exprimer les mesures

Compétences : Connaître et utiliser les mots pour exprimer des mesures.
Calcul mental : Résoudre des problèmes additifs et soustractifs.
Photofiches : Parcours **A** et **B** p. 143

1 **Relie** chaque dessin au verbe correspondant.

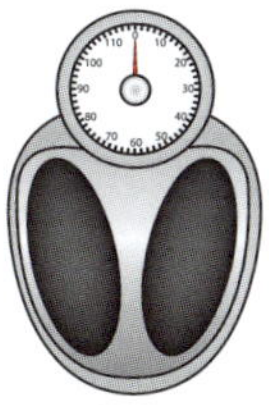

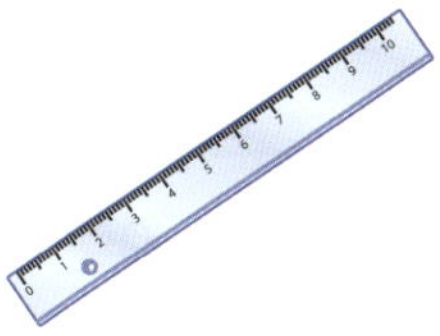

peser — repérer une date — mesurer — lire l'heure

2 **Écris** l'unité de mesure qui convient sous chaque dessin.

mètre – semaines – centimètre – heure – décimètre – kilogramme – mois

....

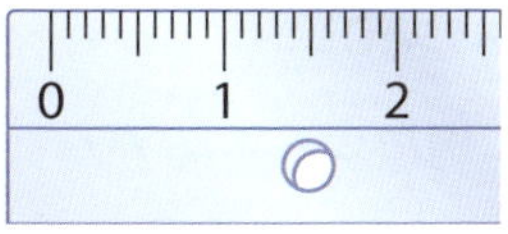

....

....

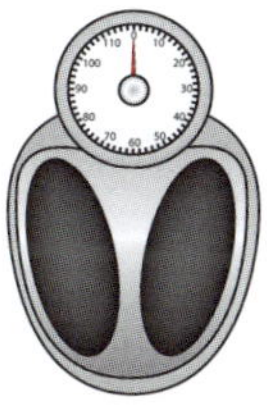

....

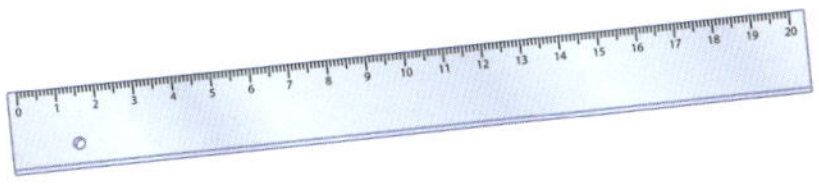

....

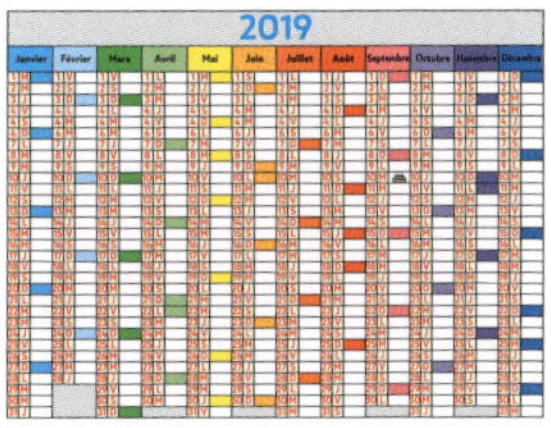

....

....

151 Révisions (10)

Calcul mental

…… …… …… …… …… ……

1 Écris les nombres en chiffres ou en lettres.

- 64 : ……
- soixante-quatorze : ……
- quatre-vingt-six : ……
- 96 : ……
- 7 d 2 u : ……
- 9 d 3 u : ……
- 4 u 6 d : ……
- 3 u 8 d : ……

2 Complète les additions.

95 = 80 + …… = 90 + ……

78 = 60 + …… = 70 + ……

99 = 80 + …… = …… + ……

76 = …… + …… = …… + ……

3 Colorie la bonne mesure.

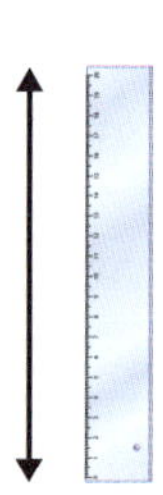

20 cm	20 m	20 dm

4 cm	4 m	4 dm

4 Range les nombres :

dans l'ordre **croissant** :

57 – 14 – 79 – 25 – 93

……

dans l'ordre **décroissant** :

66 – 90 – 88 – 52 – 79

……

5 Calcule en ligne en te servant de la dizaine supérieure.

46 + 34 =

46 + 4 + 30 = ……

46 + 34 = ……

6 Complète les phrases.

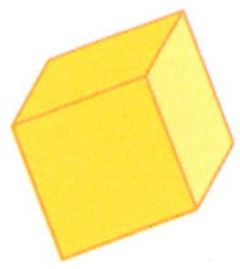

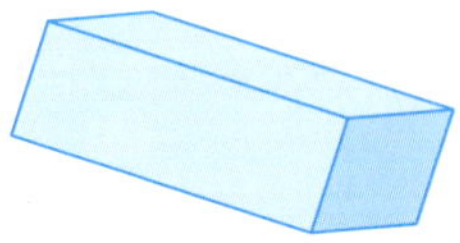

- Le cube a …… faces et …… sommets.
- Le pavé droit a …… faces et …… sommets.

Imprimé en Italie en Juillet 2022 par Rotolito S.p.A.
Dépôt légal : Février 2019 - Collection n°47 - Edition n°04
51/8859/0

Matériel page 1

La règle à calculer

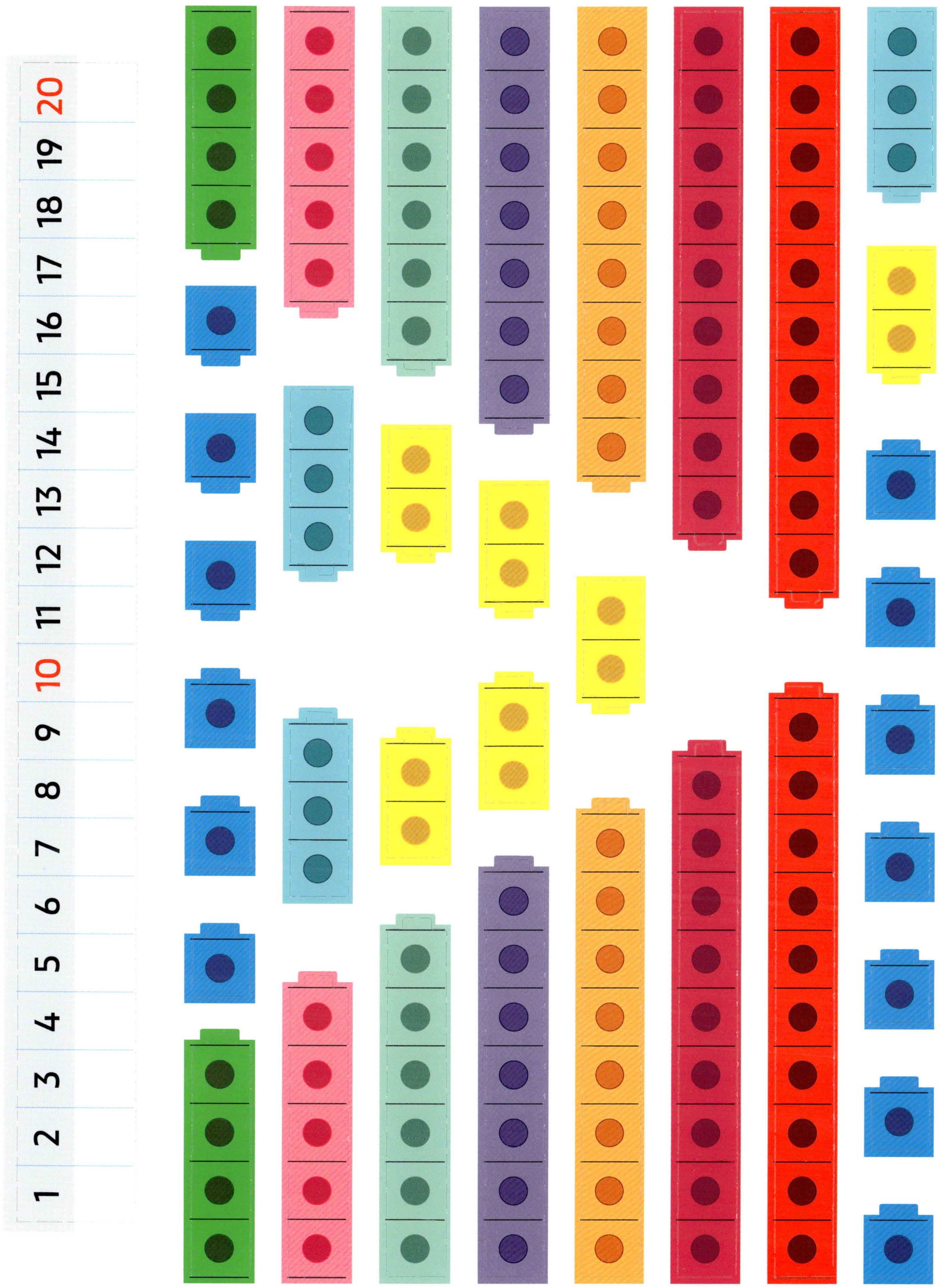

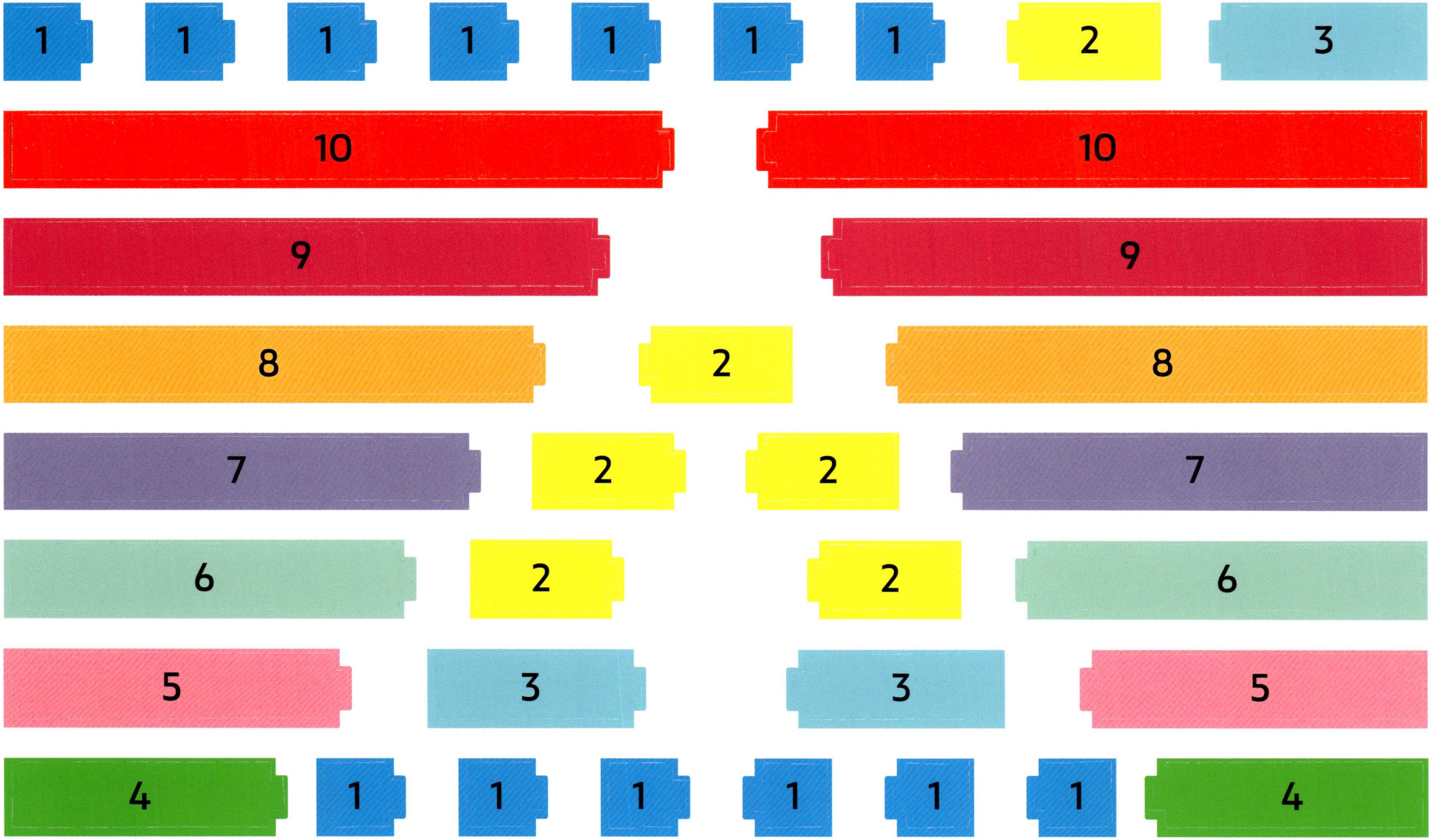
1
1
1
1
1
1
1
2
3
10
10
9
9
8
2
8
7
2
2
7
6
2
2
6
5
3
3
5
4
1
1
1
1
1
1
4

Matériel page 2

Les constellations des nombres de 0 à 10

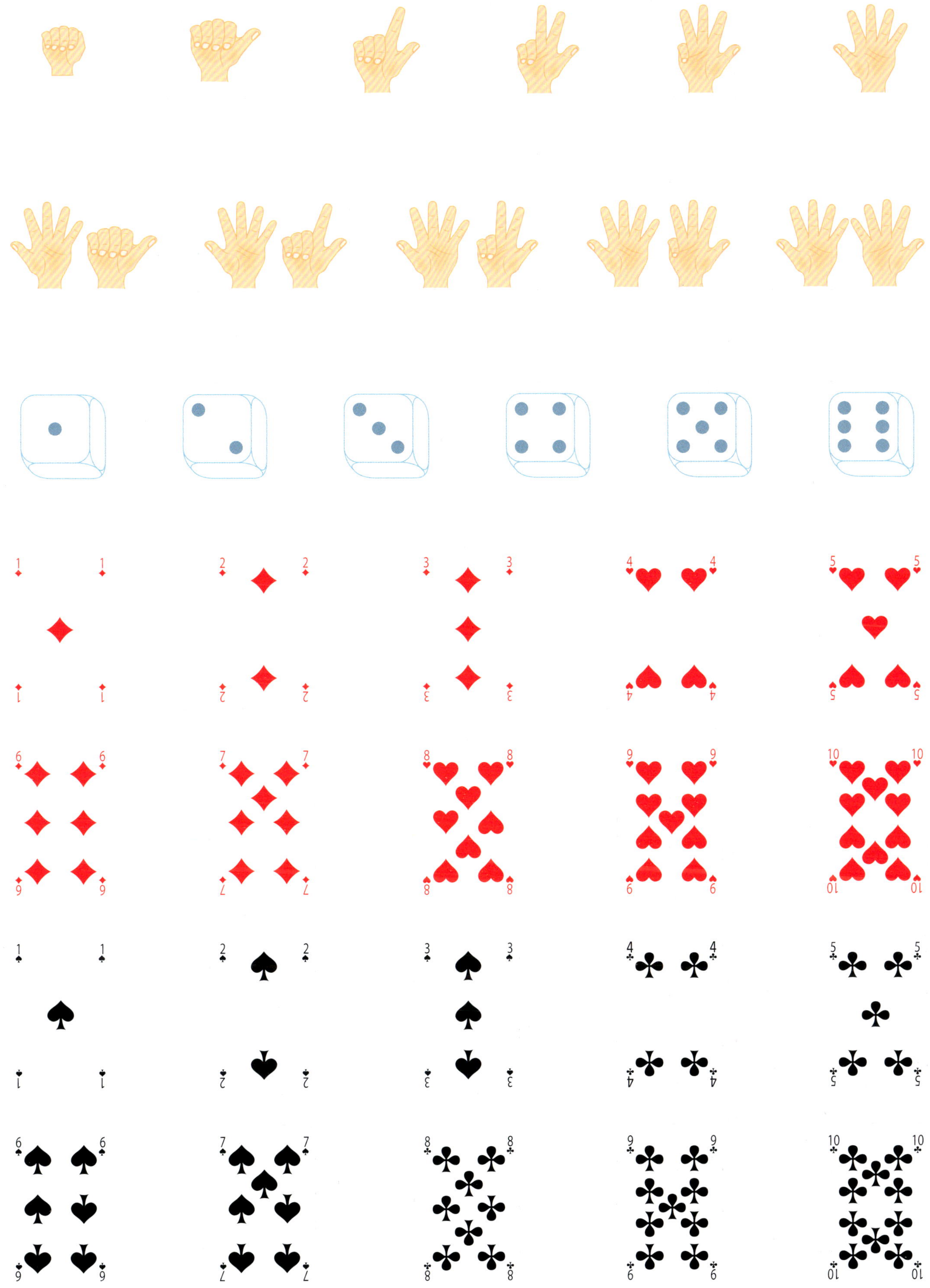

5	4	3	2	1	0

10	9	8	7	6

6	5	4	3	2	1

5	4	3	2	1
10	9	8	7	6
5	4	3	2	1
10	9	8	7	6

Matériel page 3

Les cubes unités et les barres dizaines

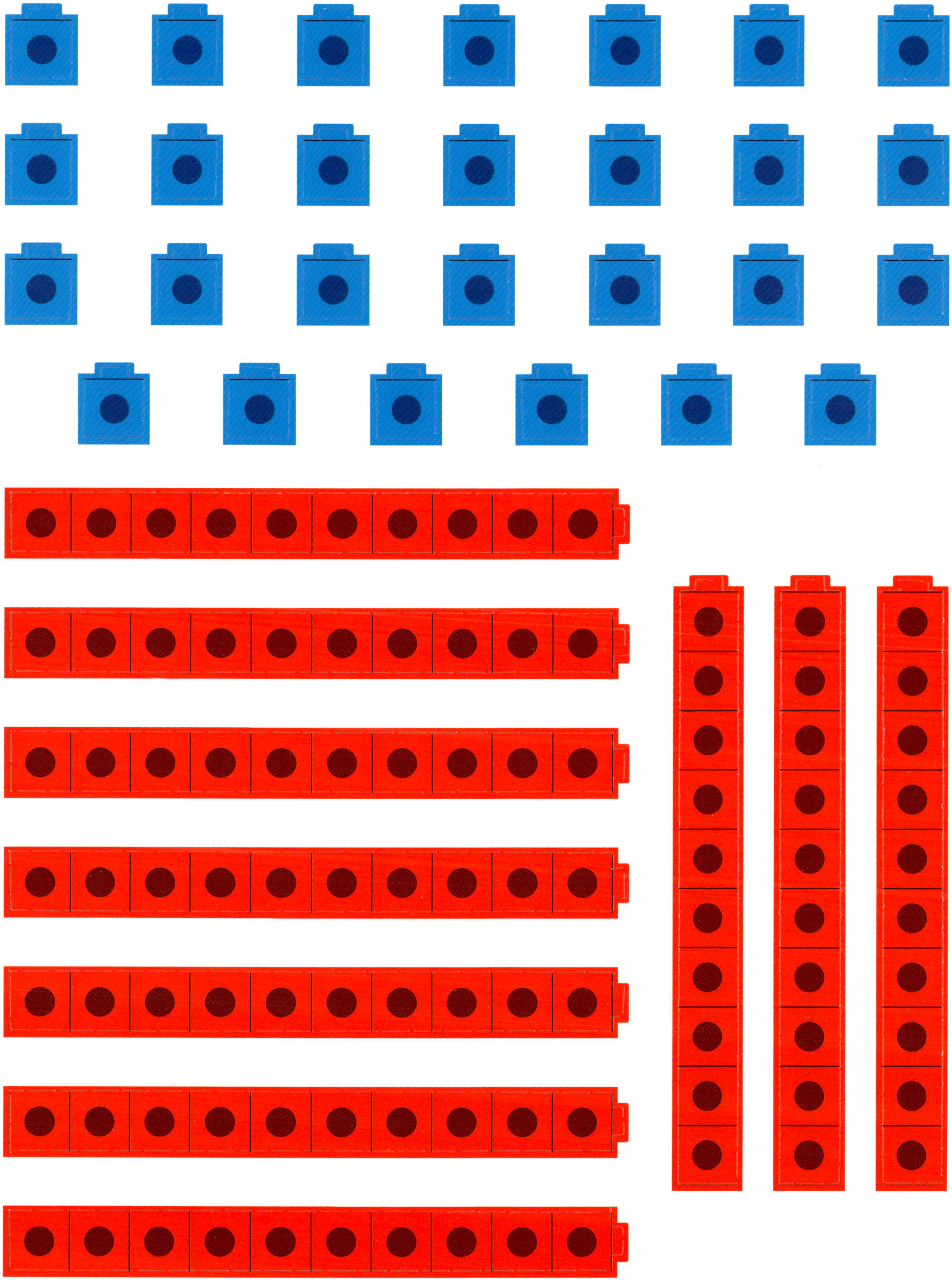

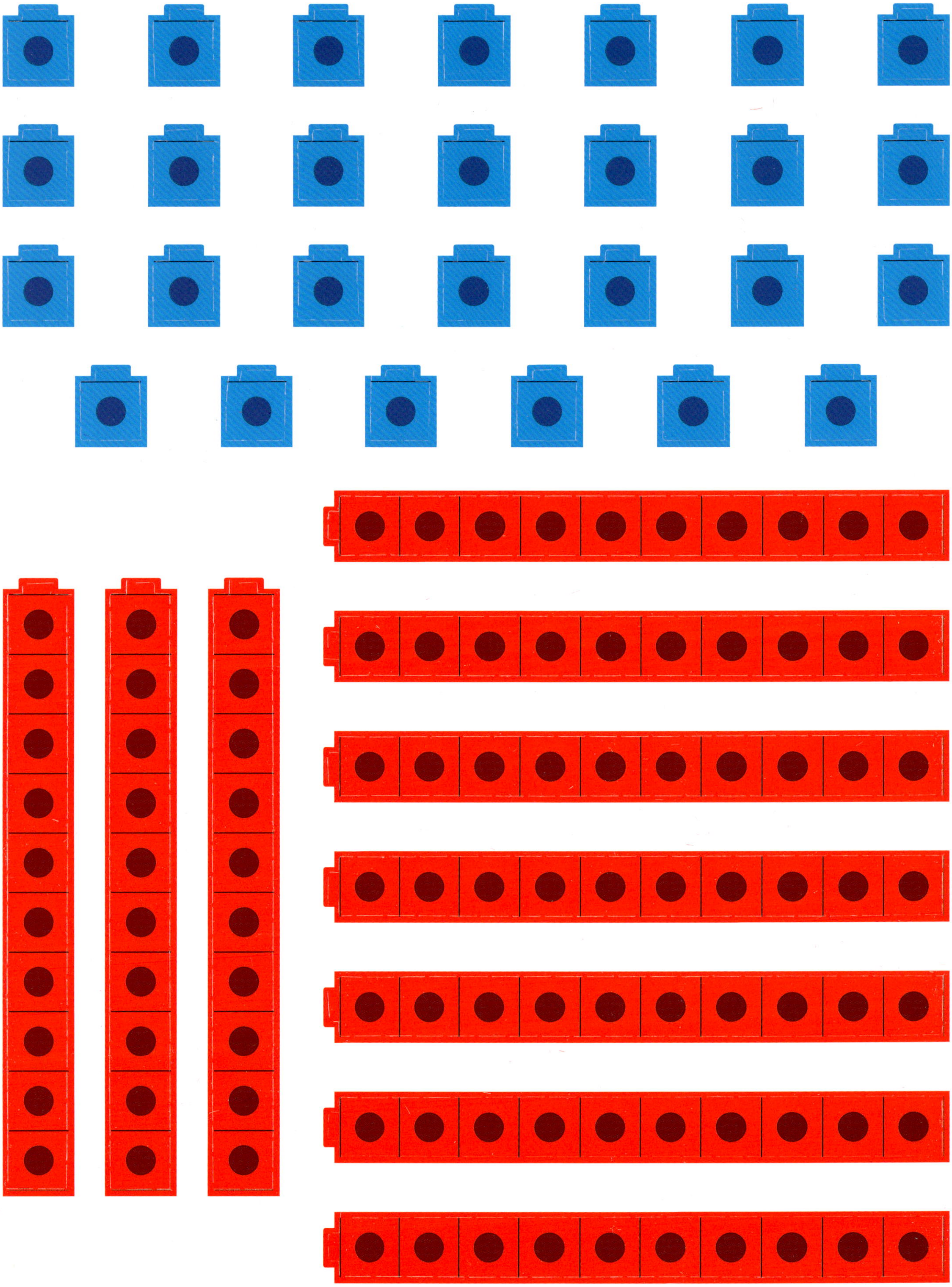

Matériel page 4

La monnaie

UE9 J4 93316
093316
20
EURO
EYPΩ
U
10
EURO
EYPΩ
EBPO
UB0061605155
605155
5
EURO
EYPΩ

Matériel page 5

Les nombres de 0 à 10 écrits en chiffres

0	**1**	**2**	**3**	**4**	**5**
6	**7**	**8**	**9**	**10**	

Les nombres de 0 à 10 écrits en lettres

zéro	un	deux	trois	quatre	cinq
six	sept	huit	neuf	dix	

Fiche 33 exercice 3

5 4 3 2 1 0

10 9 8 7 6

cinq quatre trois deux un zéro

dix neuf huit sept six

Matériel page 6

Fiche 37 exercice 2

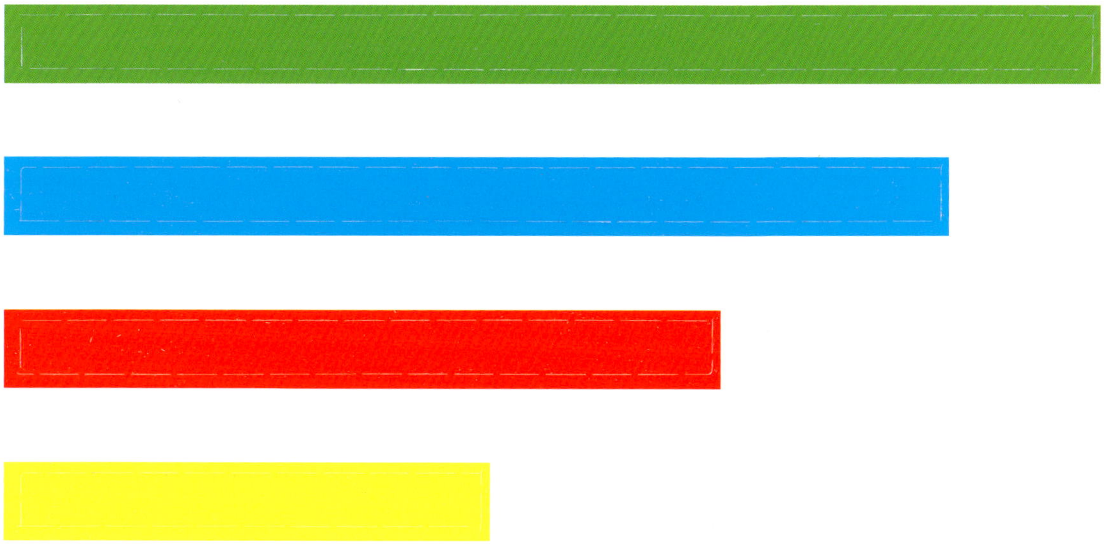

Fiche 38 exercice 1

unité unité unité unité unité

Fiche 38 exercice 2

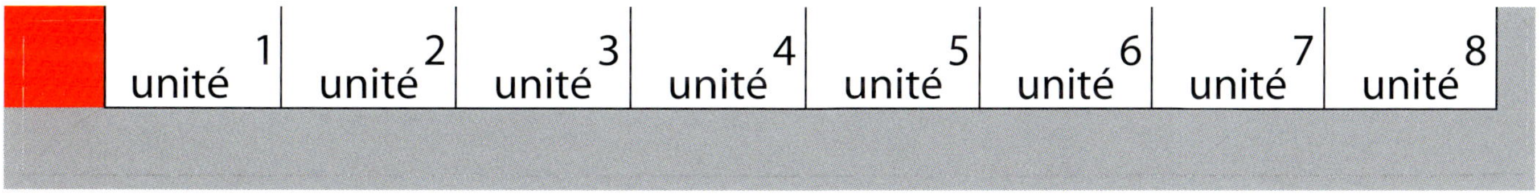

Fiche 85 exercice 1

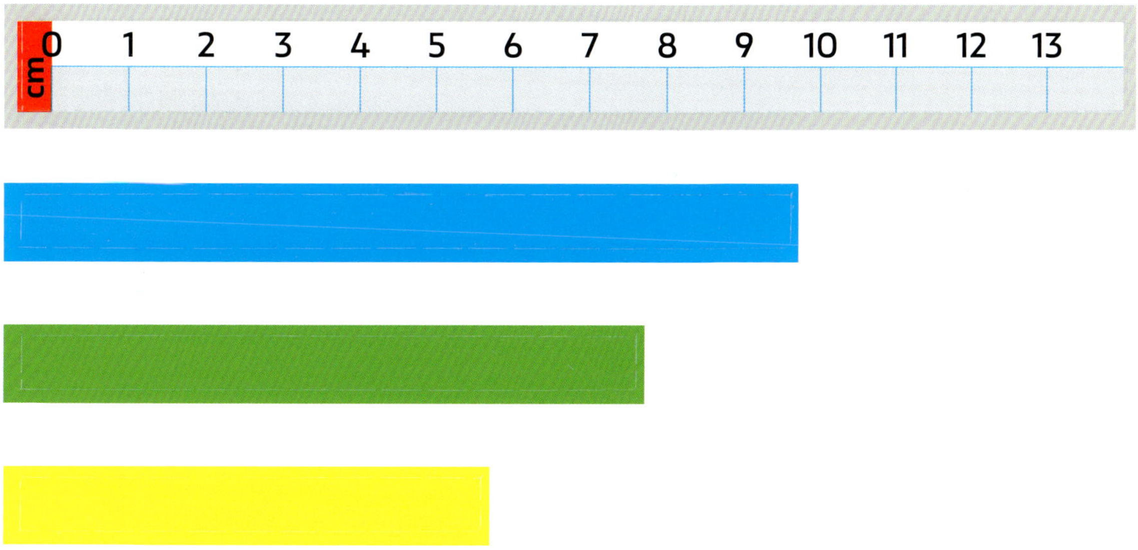

unité unité unité unité unité

L'horloge

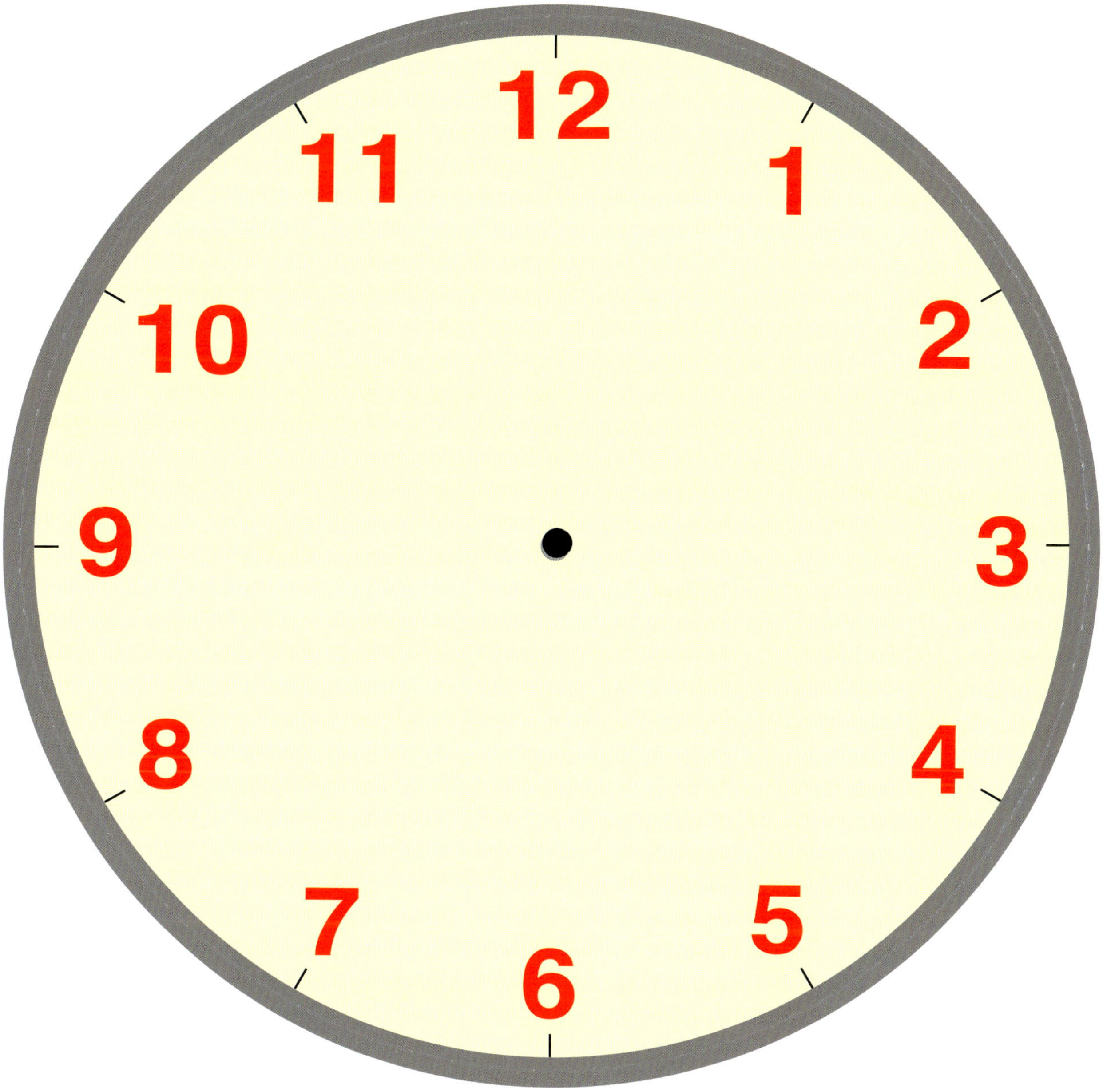

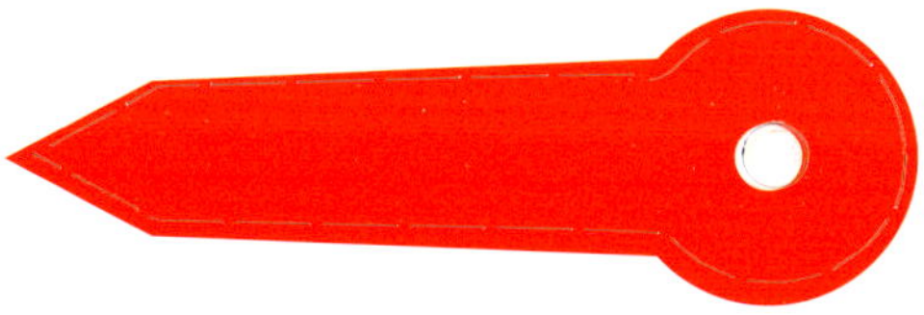

Matériel page 8

Les figures planes

Les solides

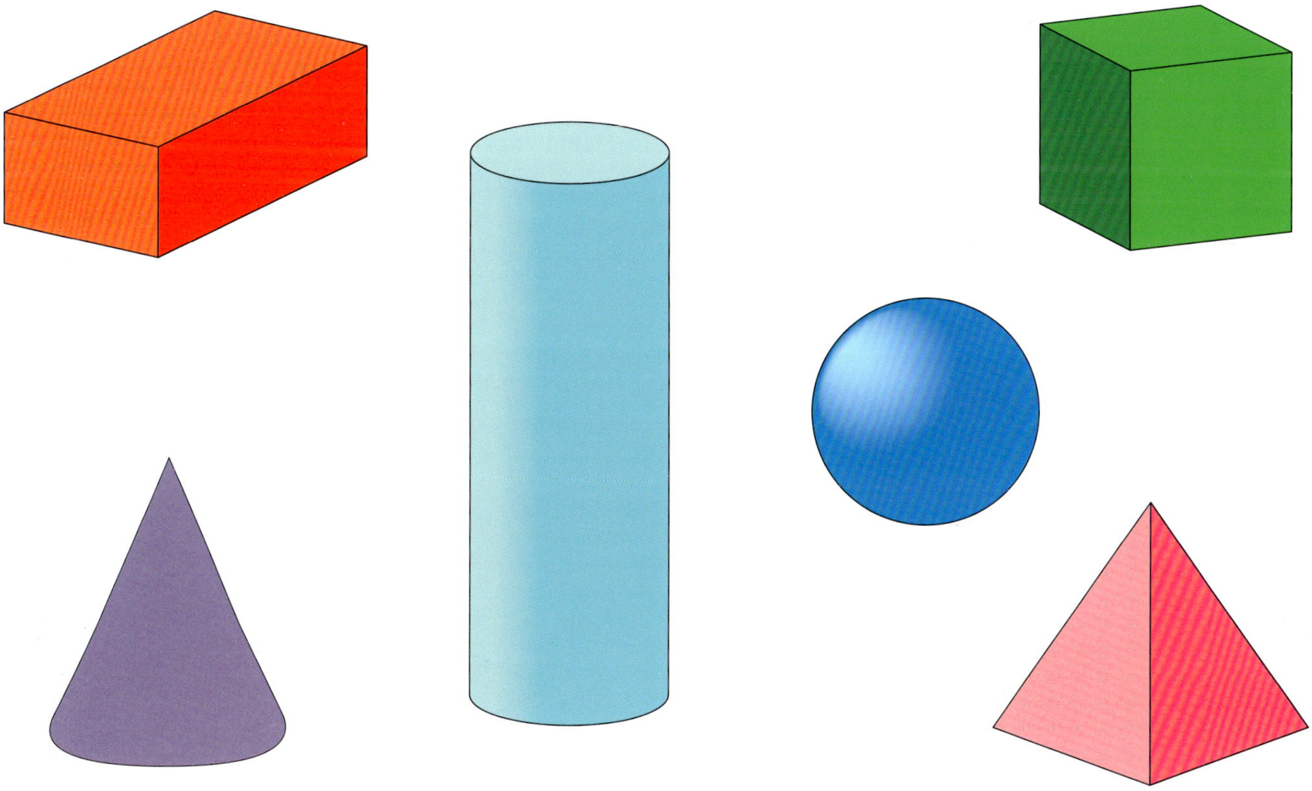

rectangle

carré

triangle

cercle

triangle

triangle

triangle

cube

pavé droit

boule

cylindre

pyramide

cône

Litchi

CP

Mathématiques

Mémo

programmes 2018

istra

Les tables d'addition de 2 à 9

Table de 2	Table de 3	Table de 4	Table de 5	Table de 6	Table de 7	Table de 8	Table de 9
1 + 2 = 3	1 + 3 = 4	1 + 4 = 5	1 + 5 = 6	1 + 6 = 7	1 + 7 = 8	1 + 8 = 9	1 + 9 = 10
2 + 2 = 4	2 + 3 = 5	2 + 4 = 6	2 + 5 = 7	2 + 6= 8	2 + 7 = 9	2 + 8 = 10	2 + 9 = 11
3 + 2 = 5	**3 + 3 = 6**	3 + 4 = 7	3 + 5 = 8	3 + 6 = 9	3 + 7 = 10	3 + 8 =11	3 + 9 = 12
4 + 2 = 6	4 + 3 = 7	**4 + 4 = 8**	4 + 5 = 9	4 + 6 = 10	4 + 7 = 11	4 + 8 = 12	4 + 9 = 13
5 + 2 = 7	5 + 3 = 8	5 + 4 = 9	**5 + 5 = 10**	5 + 6 = 11	5 + 7 = 12	5 + 8 = 13	5 + 9 = 14
6 + 2 = 8	6 + 3 = 9	6 + 4 = 10	6 + 5 = 11	**6 + 6 = 12**	6 + 7 = 13	6 + 8 = 14	6 + 9 = 15
7 + 2 = 9	7 + 3 = 10	7 + 4 = 11	7 + 5 = 12	7 + 6 = 13	**7 + 7 = 14**	7 + 8 = 15	7 + 9 = 16
8 + 2 = 10	8 + 3 = 11	8 + 4 = 12	8 + 5 = 13	8 + 6 = 14	8 + 7 = 15	**8 + 8 = 16**	8 + 9 = 17
9 + 2 = 11	9 + 3 = 12	9 + 4 = 13	9 + 5 = 14	9 + 6 = 15	9 + 7 = 16	9 + 8 = 17	**9 + 9 = 18**
10 + 2 = 12	10 + 3 = 13	10 + 4 = 14	10 + 5 = 15	10 + 6 = 16	10 + 7 = 17	10 + 8 = 18	10 + 9 = 19

Les nombres de 1 à 10

		1	un
		2	deux
		3	trois
		4	quatre
		5	cinq
		6	six
		7	sept
		8	huit
		9	neuf
		10	dix

Les groupements par 10

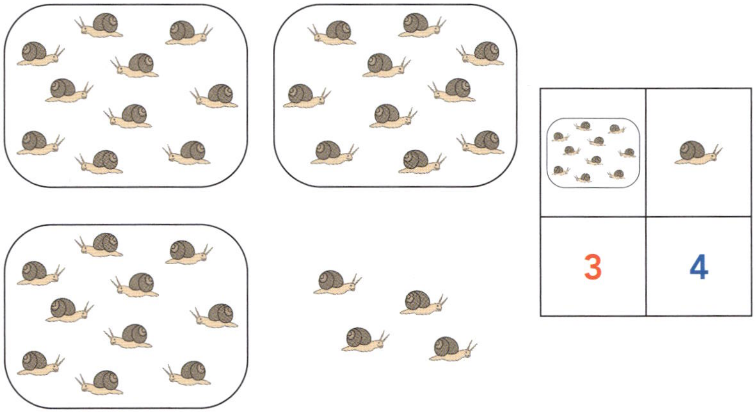

L'échange 10 unités contre 1 dizaine

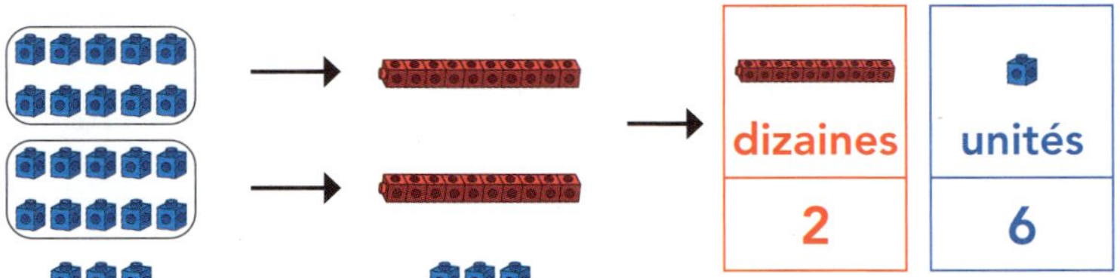

26 vingt-six

26 c'est **2 paquets de 10** et **6 cubes seuls**

26 c'est **2 dizaines** et **6 unités**

Les nombres de 11 à 19

→ 1 dizaine et 1 unité

dizaine	unité
1	1

→ 10 + 1 → 11 → onze

→ 1 dizaine et 5 unités

dizaine	unités
1	5

→ 10 + 5 → 15 → quinze

→ 1 dizaine et 8 unités

dizaine	unités
1	8

→ 10 + 8 → 18 → dix-huit

12 douze – 13 treize – 14 quatorze

16 seize – 17 – dix-sept – 19 dix-neuf

Les nombres de 20 à 29

d	u
2	0

→ 2 dizaines
→ 10 + 10
→ 20
→ vingt

→ 10 + 10 + 1 → 21
→ vingt et un

→ 10 + 10 + 2 → 22
→ vingt-deux

→ 10 + 10 + 3 → 23
→ vingt-trois

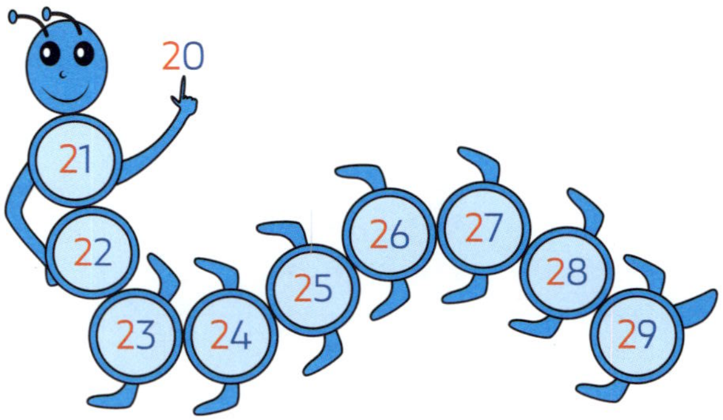

Les nombres de 30 à 39

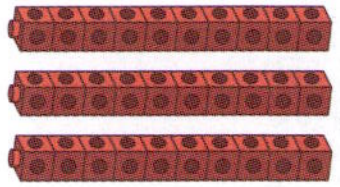

d	u
3	0

1 d + 1 d + 1 d = 3 dizaines ⟶ 30 ⟶ trente

31 : trente et un
32 : trente-deux
33 : trente-trois
34 : trente-quatre
35 : trente-cinq
36 : trente-six
37 : trente-sept
38 : trente-huit
39 : trente-neuf

Les nombres de 40 à 49

d	u
4	0

1 d + 1 d + 1 d + 1 d = 4 dizaines → 40 → quarante

41 : quarante et un
42 : quarante-deux
43 : quarante-trois
44 : quarante-quatre
45 : quarante-cinq
46 : quarante-six
47 : quarante-sept
48 : quarante-huit
49 : quarante-neuf

Les nombres de 50 à 59

50	cinquante	
51	55	
52	56	59
53	57	
54	58	

5 dizaines

dizaines	unité
5	0

50 : cinquante

51 : cinquante et un
56 : cinquante-six
52 : cinquante-deux
57 : cinquante-sept
59 : cinquante-neuf

Les nombres de 60 à 69

60	soixante	
61	65	
62	66	69
63	67	
64	68	

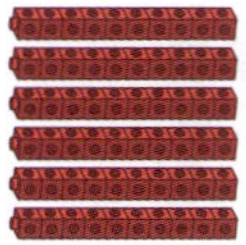

6 dizaines

dizaines	unité
6	0

60 : soixante

61 : soixante et un
66 : soixante-six
62 : soixante-deux
67 : soixante-sept
69 : soixante-neuf

Les nombres de 70 à 79

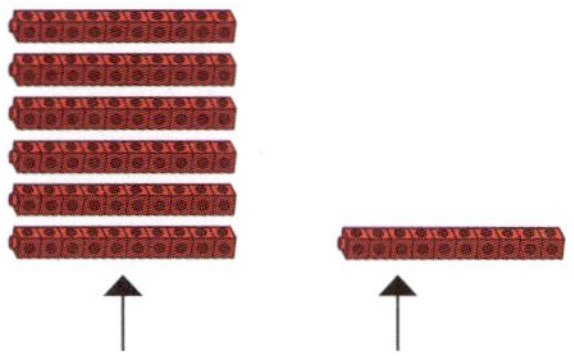

soixante – dix

60 + 10 = 70

dizaines	unité
7	0

70 : soixante-dix

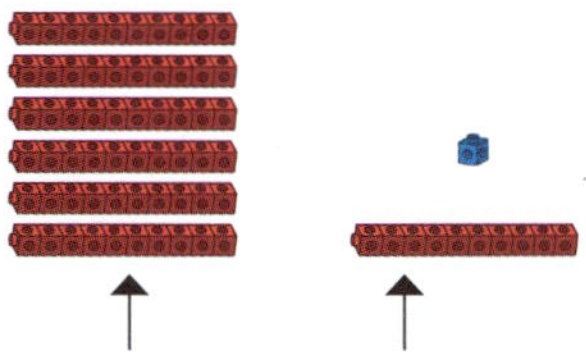

soixante et onze

60 + 11 = 71

dizaines	unité
7	1

71 : soixante et onze

72 : soixante-douze
73 : soixante-treize
74 : soixante-quatorze
75 : soixante-quinze
76 : soixante-seize
77 : soixante-dix-sept
78 : soixante-dix-huit
79 : soixante-dix-neuf

Les nombres de 80 à 89

20 + 20 + 20 + 20 = 80

20 + 20 + 20 + 20 = 80

→ 8 dizaines

10 + 10 + 10 + 10 + 10 + 10 + 10 + 10 = 80

d	u
8	0

quatre-vingts

81 : quatre-vingt-un
82 : quatre-vingt-deux
83 : quatre-vingt-trois
84 : quatre-vingt-quatre
85 : quatre-vingt-cinq
86 : quatre-vingt-six
87 : quatre-vingt-sept
88 : quatre-vingt-huit
89 : quatre-vingt-neuf

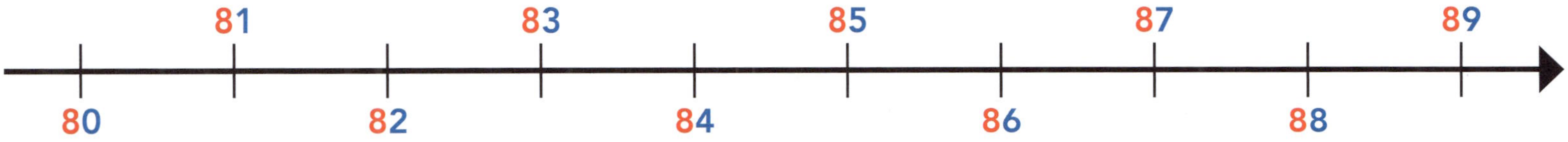

Les nombres de 90 à 99

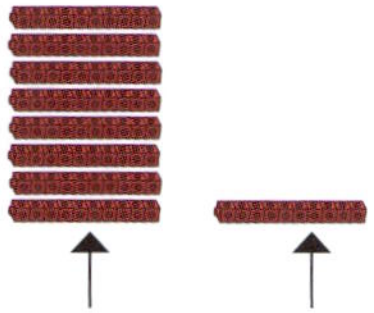

quatre-vingt – dix

80 + 10 = 90

dizaines	unité
9	0

90 :
quatre-vingt-dix

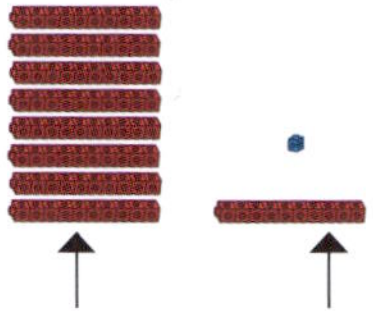

quatre-vingt – onze

80 + 11 = 91

dizaines	unité
9	1

91 :
quatre-vingt-onze

91 : quatre-vingt-onze
92 : quatre-vingt-douze
93 : quatre-vingt-treize
94 : quatre-vingt-quatorze
95 : quatre-vingt-quinze
96 : quatre-vingt-seize
97 : quatre-vingt-dix-sept
98 : quatre-vingt-dix-huit
99 : quatre-vingt-dix-neuf

La centaine – cent – 100

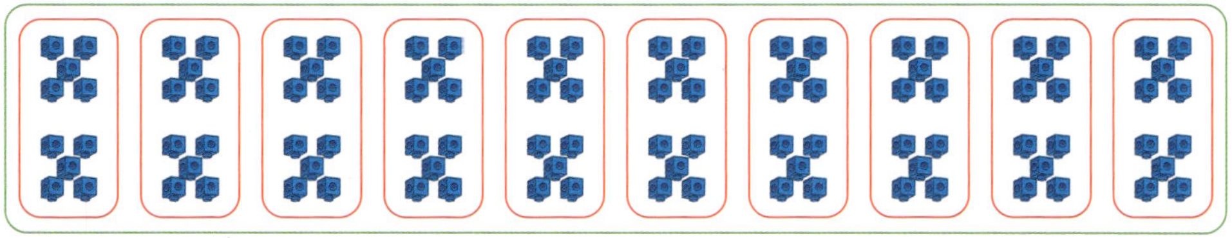

10 dizaines = 1 centaine

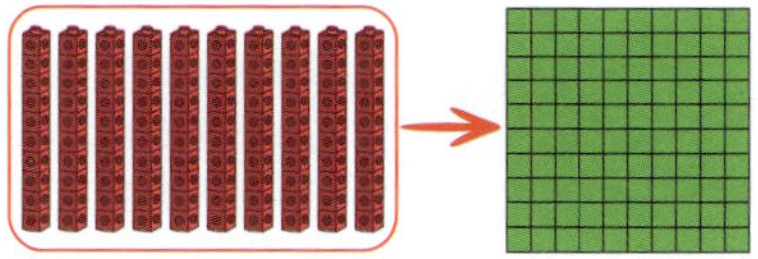

10 unités = 1 dizaine

10 dizaines = 1 centaine

100 unités = 1 centaine

Comparaison de quantités

Il y a **moins** de garçons que de filles.

Il y a **plus** de filles que de garçons.

Il y a **autant** de balles que d'enfants.

Les signes < et >

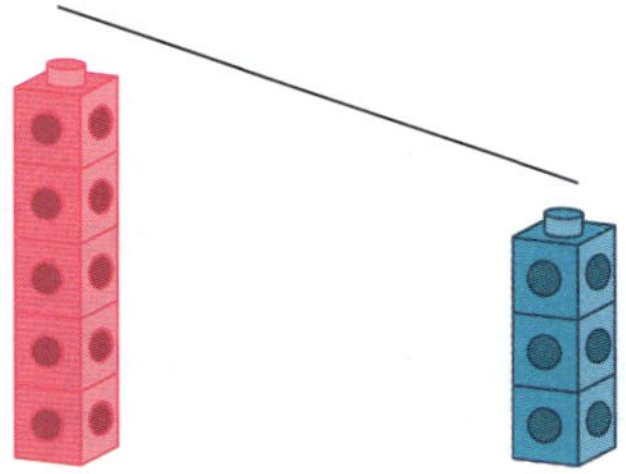

5 > 3

5 **est plus grand que** 3

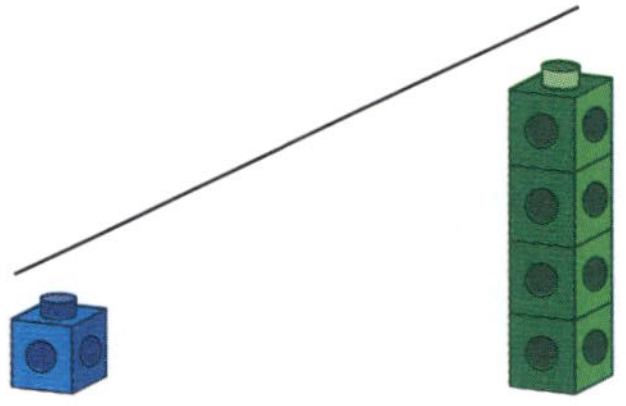

1 < 4

1 **est plus petit que** 4

Comparer les nombres

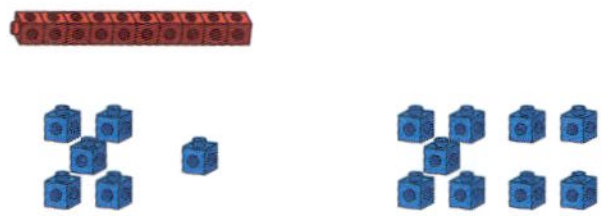

16 > 9

16 > 9 **Le plus grand** est **16** car il a **2 chiffres** alors que **9** n'en a qu'**1**.

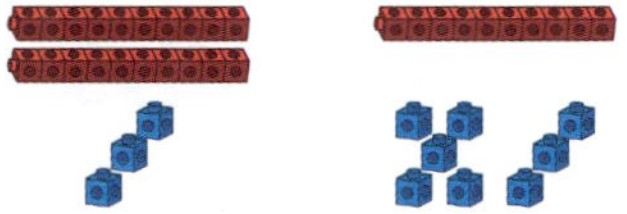

23 > 18

23 > 18 **Le plus grand** est **23** car il a **plus** de **dizaines** que **18**.

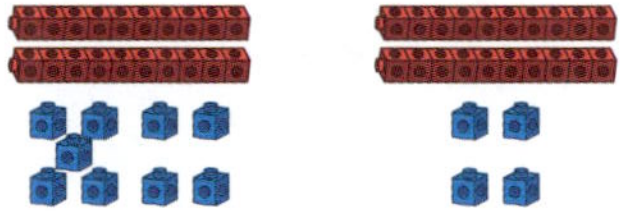

29 > 24

29 > 24 Les 2 nombres ont **autant** de **dizaines**.
Le plus grand est celui qui a **le plus d'unités**.
C'est **29** car **9 > 4**.

Encadrer un nombre entre celui qui précède et celui qui suit

Nombre qui **précède**	Nombre **donné**	Nombre qui **suit**
29	30	31
68	69	70

29 < 30 < **31**

68 < 69 < **70**

Ranger des nombres dans l'ordre croissant (du plus petit au plus grand)

58 – 29 – 12 – 73 – 34

12 < 29 < 34 < 58 < 73

Trouver le nombre qui est « entre »

Nombre	Nombre **« entre »**	Nombre
68	69	70
89	90	91

68 < **69** < 70

89 < **90** < 91

Ranger des nombres dans l'ordre décroissant (du plus grand au plus petit)

71 – 65 – 18 – 99 – 40

99 > 71 > 65 > 40 > 18

Calculer la réunion de quantités

Noé cueille des fruits.
Combien en a-t-il cueilli en tout ?

5 + 6 + 4 = 15

Il a cueilli 15 fruits en tout.

Calculer un reste

Lola a **6** bonbons. Elle en mange 4.
Je cherche le nombre de bonbons qui **reste**.

nombre total		bonbons mangés		bonbons restants
6	–	4	=	2

Calculer l'ajout d'une quantité à une autre quantité

Lola a 5 poissons. Noé lui en donne 7.
Combien en a-t-elle maintenant ?

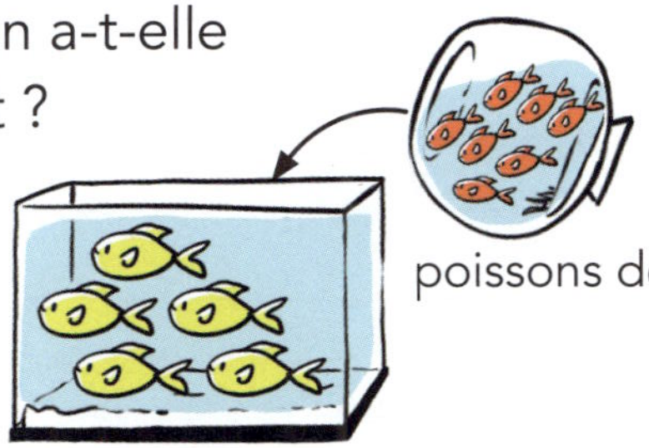

5 + 7 = 12 Lola a 12 poissons maintenant.

Calculer une différence

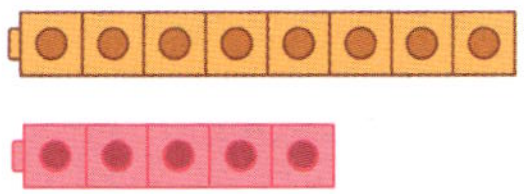

8 – 5 = 3

La différence entre les 2 barres est de **3 cubes**.

Calculer un complément en utilisant l'addition à trou

Noé et Lola ont 13 billes à eux deux.
Noé a 7 billes.
Combien Lola a-t-elle de billes ?

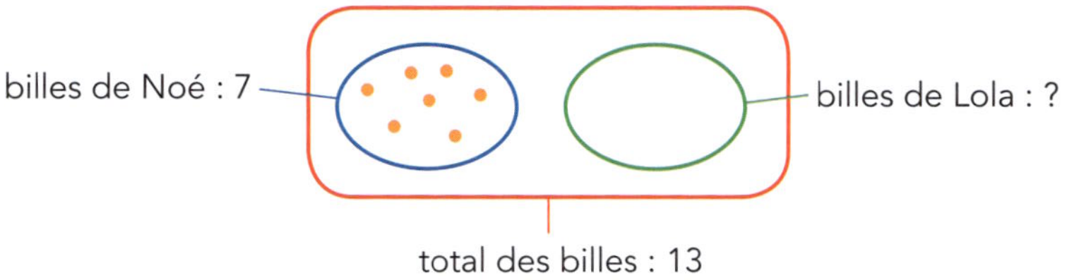

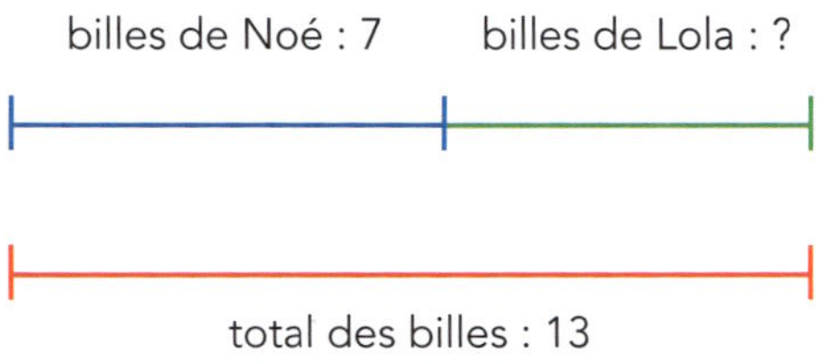

7 + **6** = 13 Lola a **6 billes**.

Calculer un complément en utilisant la soustraction

Noé a 59 €. Il dépense 6 €.
Combien lui reste-t-il ?

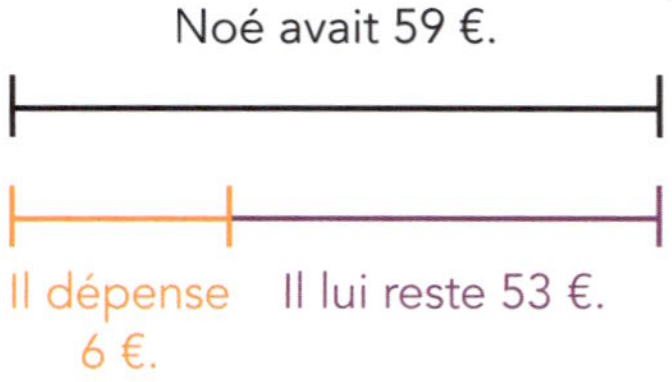

59 – **6** = 53 Il lui reste **53 €**.

Lola a 25 images oranges et des images violettes.
Elle en possède 40 au total.
Combien a-t-elle d'images violettes ?

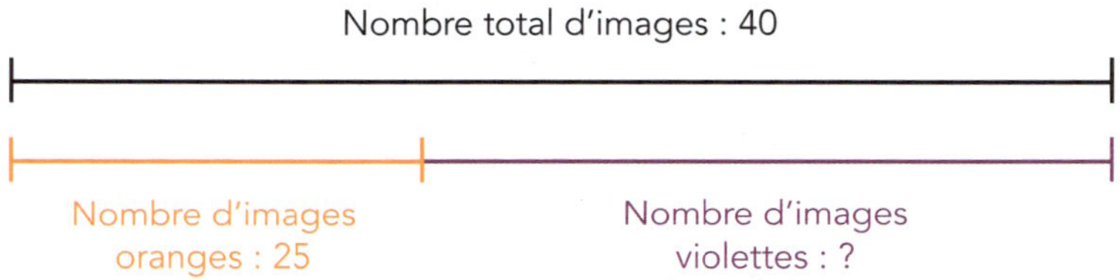

40 – 25 = **15** Lola a **15** images violettes.

Calculer une addition en colonnes sans retenue

	d	u
	2	1
+	1	6
	3	7

- Je commence par ajouter les unités : 1 + 6 = 7
- J'additionne ensuite les dizaines : 2 + 1 = 3

21 + 16 = 37

Calculer une addition en colonnes avec retenue

45 + 18 =

	dizaines retenue + ...	unités
	4	5
+	1	8
		13

J'ajoute les unités

	dizaines retenue + 1	unités
	4	5
+	1	8
		13

J'échange 10 u contre 1 d : ma retenue

	dizaines retenue + 1	unités
	4	5
+	1	8
	6	3

J'ajoute les dizaines

Je commence par les unités : 5 + 8 = 13 ; 13 c'est 1 dizaine supplémentaire en **retenue**, et 3 unités.
J'additionne les dizaines avec **la retenue** : 1 + 4 + 1 = 6. Donc **45 + 18 = 63**

Regrouper les nombres pour calculer en ligne

5 + 6 + 5

5 + 5 + 6

10 + 6 = 16

Additionner en ligne 2 nombres à 2 chiffres sans retenue

14 + 15

10 + 4 + 10 + 5

10 + 10 + 4 + 5

20 + 9 = 29

Ajouter des dizaines entières entre elles

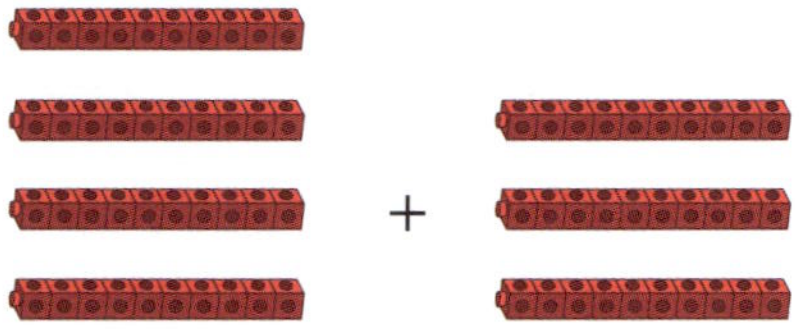

4 dizaines + 3 dizaines = 7 dizaines

40 + 30 = 70

Soustraire des dizaines entières à un nombre à 2 chiffres

78 – 40 =

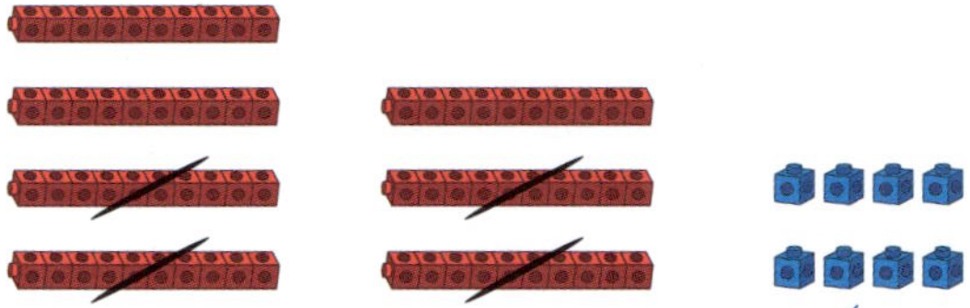

7 dizaines – 4 dizaines

70 – 40

30 + 8 = 38

78 – 40 = 38

Mesurer des longueurs avec une unité

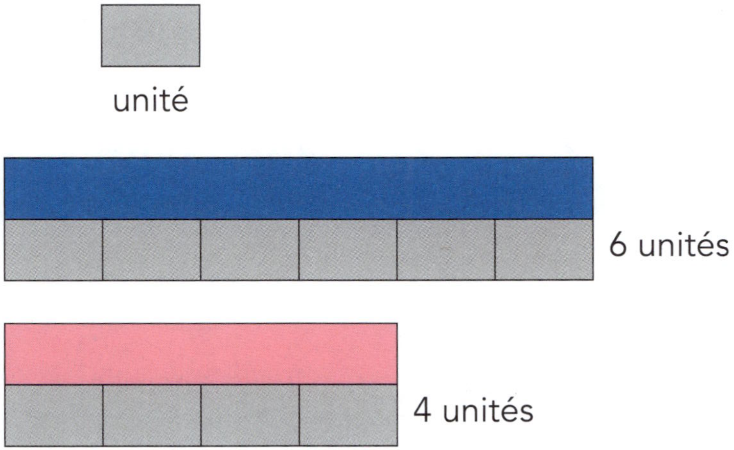

La monnaie

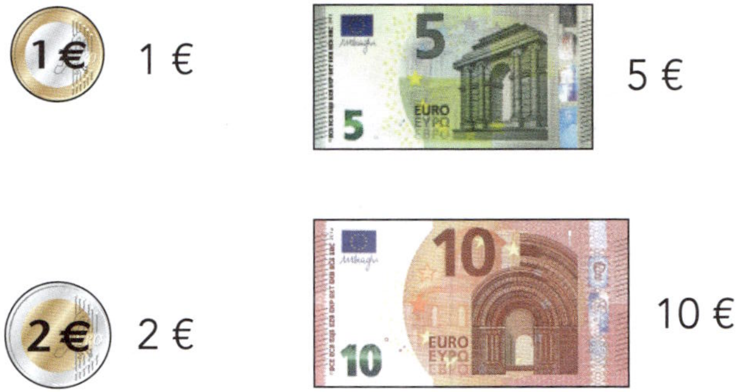

Mesurer avec la règle graduée

Pour mesurer, on place le 0 à une extrémité du segment, et on regarde le nombre qui correspond à l'autre extrémité.

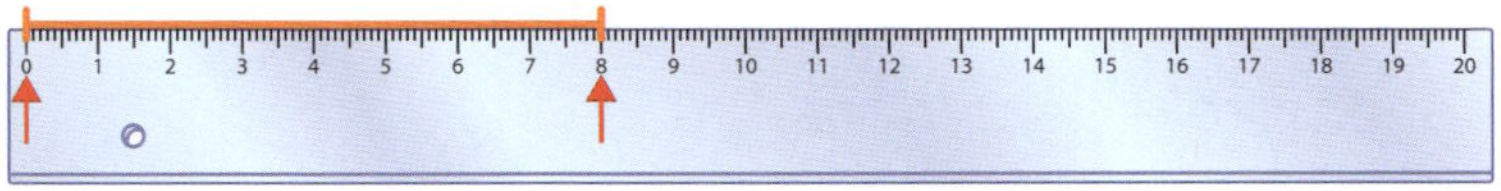

Le segment mesure **8 cm**.

Utiliser la monnaie

Lola **achète** une trousse à **6 €**. Elle donne **10 €**.
La vendeuse lui **rend 4 €**.

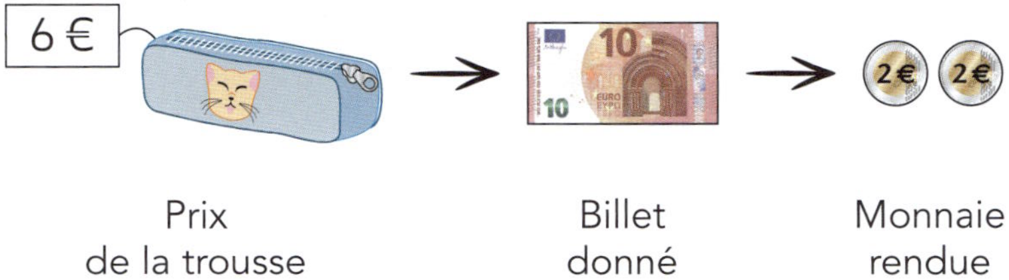

Comparer les objets selon leur masse

L’aiguille est au milieu

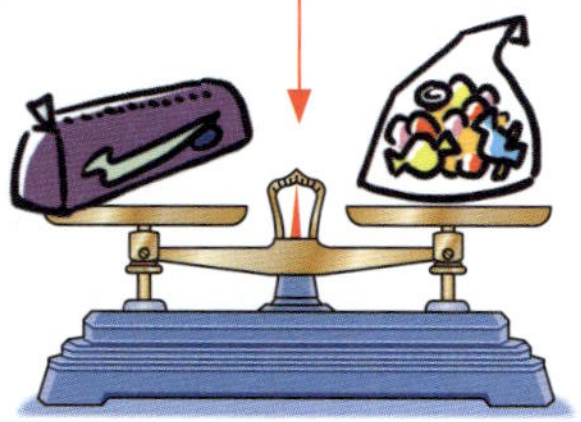

La trousse a **la même masse** que les bonbons.

Le fichier est **plus léger** que le cartable.

Le fichier est **plus lourd** que la trousse.

Lire les heures entières

matin

Il est 5 heures.

après-midi

Il est 3 heures.

Le calendrier

Il y a **7 jours** dans une semaine.

Il y a **12 mois** dans une année.

janvier – février – mars – avril – mai – juin – juillet – août – septembre – octobre – novembre – décembre

Le mois de février a 28 ou 29 jours.

Les autres mois ont 30 ou 31 jours.

Les alignements

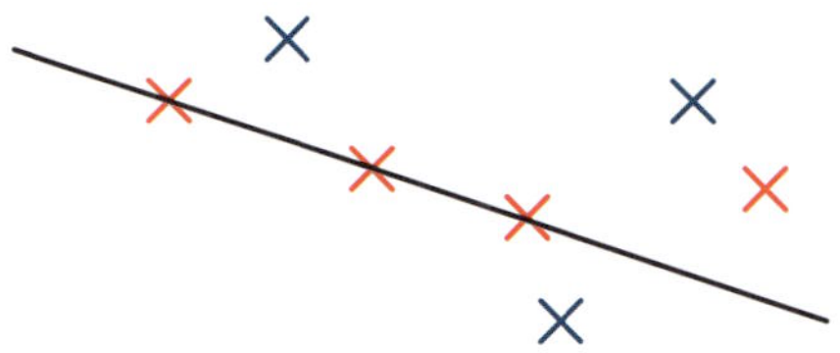

La droite **passe** par 3 points rouges.

Ils sont **alignés**.

Les solides

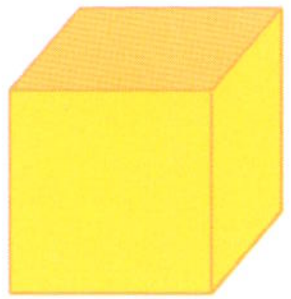

cube

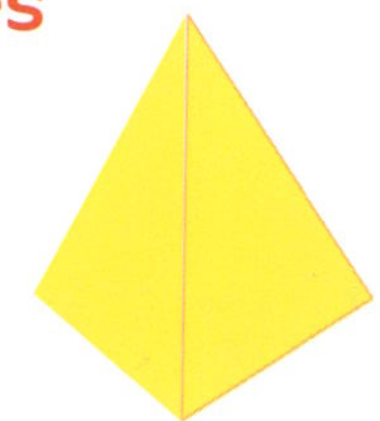

pyramide

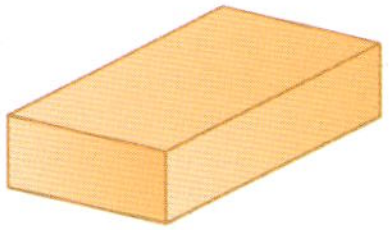

pavé droit

cylindre

Le carré – le rectangle – le triangle

carré

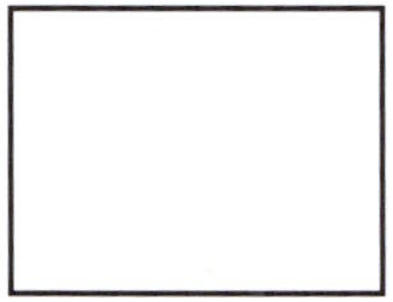

rectangle

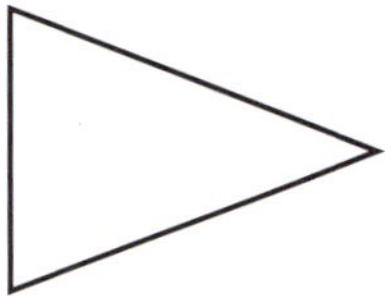

triangle

Le cube et le pavé droit

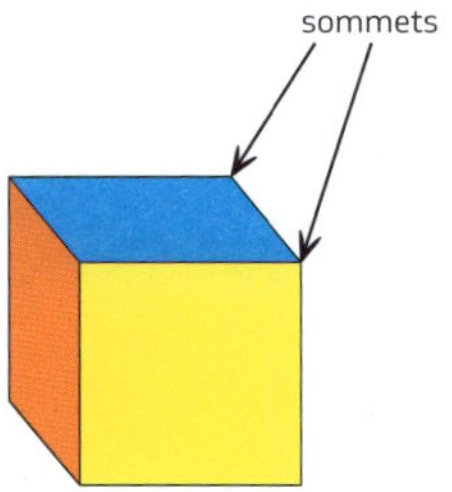

Le cube
a 6 faces carrées
et 8 sommets.

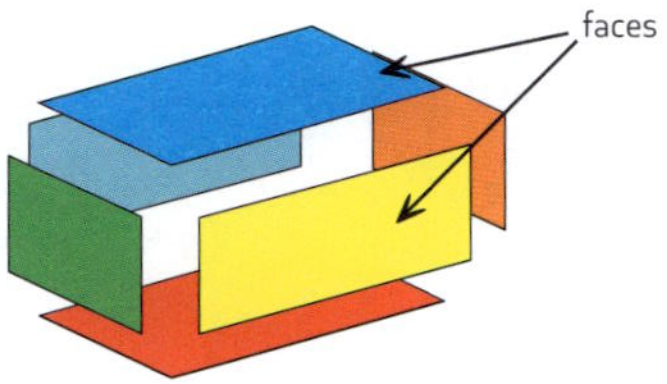

Le pavé droit
a 6 faces rectangulaires
et 8 sommets.

Les mots pour se repérer dans l'espace

Noé est **sur** le cube.

Noé est **sous** la table.

Noé est **devant** le cube.

Noé est **derrière** le cube.

Noé est **entre** les 2 cubes.

Lola tient le crayon dans sa main **droite**.

Lola tient la branche dans sa main **gauche**.

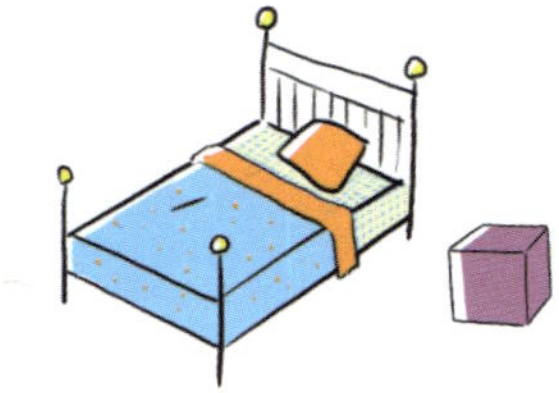

Le cube est **à droite** du lit.

Lola est **à gauche** de la maison.

Je connais les décompositions du nombre 10 et et les compléments au nombre 10

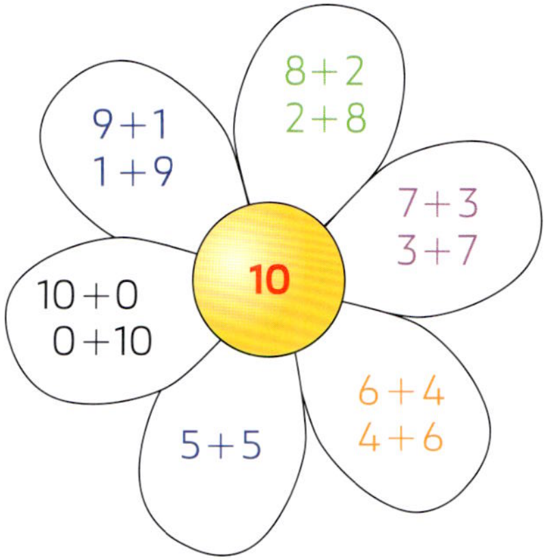

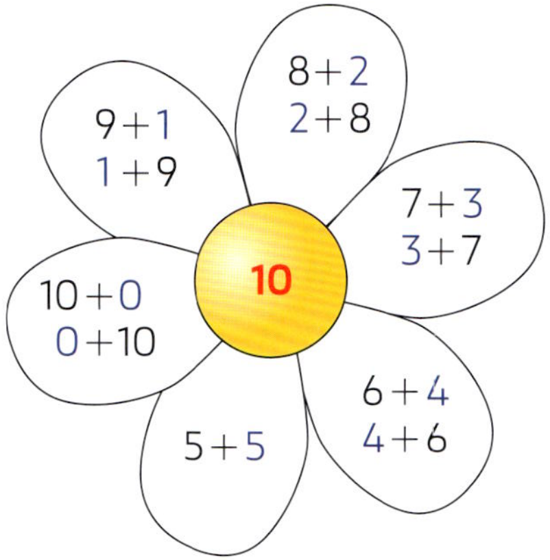

Les doubles des nombres jusqu'à 10

Le double de **2**, c'est **4**.

Le double de **4**, c'est **8**.
Le double de **5**, c'est **10**.
Le double de **6**, c'est **12**.
Le double de **3**, c'est **6**.
Le double de **7**, c'est **14**.
Le double de **8**, c'est **16**.
Le double de **9**, c'est **18**.
Le double de **10**, c'est **20**.

Les moitiés des nombres jusqu'à 20

La moitié de **4**, c'est **2**.

La moitié de **6**, c'est **3**.
La moitié de **8**, c'est **4**.
La moitié de **10**, c'est **5**.
La moitié de **12**, c'est **6**.
La moitié de **14**, c'est **7**.
La moitié de **16**, c'est **8**.
La moitié de **18**, c'est **9**.
La moitié de **20**, c'est **10**.

Litchi

Nombres et calculs

Grandeurs et mesures

Espace et géométrie

Édition : Delphine Deveaux
Maquette de couverture : David Bart
Illustration de couverture : Fanny Denisse
Exécution de la couverture : Typo-Virgule
Création de la maquette intérieure : David Bart
Mise en pages : Typo-Virgule
Illustrations : Fanny Denisse (personnages, objets, animaux) ; Jacky Choï et Anaïs Thibaud (dessins techniques).
Fabrication : Marc Chalmin

istra

Ce livret ne peut être vendu séparément.